Comment l'herbe pousse

Développement végétatif, structures clonales et spatiales des graminées

Comment l'herbe pousse

Développement végétatif, structures clonales et spatiales des graminées

Michel Lafarge
Jean-Louis Durand

Éditions Quæ
c/o Inra, RD 10, 78026 Versailles Cedex

© Éditions Quæ, 2011   ISBN : 978-2-7592-1045-9   ISSN : 1777-4624

Mis à jour en février 2022

Table des matières

Remerciements

Ce livre n'aurait pas existé sans les sollicitations de responsables de modules d'enseignement de second cycle. Il y a déjà de nombreuses années, ces collègues nous avaient demandé d'exposer à leurs étudiants nos travaux sous forme de conférences synthétiques. Sur le long terme, ces exigences nous ont aidés à toujours mieux distinguer les phénomènes essentiels pour la croissance de l'herbe et à structurer nos idées sur la question.

Nous remercions les nombreux collègues chercheurs, techniciens et étudiants, français et étrangers, qui ont contribué à établir une part des hypothèses, des observations et des interprétations sur lesquelles reposent les connaissances qui sont présentées ici. Nous tenons à remercier tout particulièrement Dominique Orth et Christian Thimonnier, enseignants ; ils ont relu le manuscrit en profondeur et nous ont permis de l'améliorer significativement. Nous remercions enfin les départements de l'Inra « Écologie des forêts, prairies et milieux aquatiques » et « Environnement et agronomie » pour leur soutien financier à l'édition de cet ouvrage.

Introduction

Même si la totalité des espèces qu'on rencontre en prairies ou en steppes ne sont pas des graminées, quand on parle d'« herbe » en français on désigne des graminées. Les céréales, issues d'espèces de steppe, sont aussi des graminées.

Chez les graminées, les processus de développement végétatif sont les mêmes pour de jeunes plantes issues de semences ou pour des pousses portées par de vieilles structures, même si l'importance relative de certaines régulations peut différer. L'unité élémentaire qui assure la production de la prairie autant que son renouvellement est la talle*, équivalent de ce qu'on dénomme couramment « brin d'herbe ». Les formes et les dimensions d'une talle sont éminemment variables en fonction de l'environnement et de l'espèce. Les talles sont très souvent des ramifications sur un motif régulier, mais la pousse qui naît d'une graine en germination peut être vue comme une talle parmi d'autres. Nous considérons la talle comme le niveau d'organisation le plus pertinent pour l'analyse de la morphogénèse*.

Le lecteur pourra être surpris que ce livre ne commence pas par le développement d'une plantule à partir d'un embryon. Il pourra de même s'étonner qu'une partie traitant de l'état reproducteur ne se termine pas par la formation de fleurs puis de graines. Nous ne traiterons pas ces points car la description du développement reproducteur, déjà bien documentée, ne nous semble pas indispensable pour analyser et formaliser la manière dont les graminées poussent.

Il a fallu évidemment des plantules issues de semence pour que l'on puisse rencontrer telle ou telle espèce à un moment donné. Toutes les plantes, les herbacées comme les ligneuses, portent des bourgeons, structures absentes chez les animaux. Les bourgeons qui se développent tardivement émettent des pousses considérablement plus jeunes que le reste de la plante. Contrairement aux animaux, les végétaux sont ainsi capables de rajeunir plus ou moins complètement. Leur renouvellement est beaucoup moins dépendant de la reproduction sexuée que celui des animaux. Il peut même en être totalement indépendant dans les espèces dites « clonales », dont font partie les graminées.
La notion d'individu végétal, la structure modulaire des plantes, la clonalité et ses conséquences sur la dynamique d'un peuplement sont abordées dans un premier chapitre. L'approche est valable pour tous les groupes botaniques, mais le point de vue est orienté vers ce qui est important pour les graminées.

Les trois chapitres suivants portent sur la morphogénèse d'une talle individuelle : le chapitre 2 traite de la construction synchronisée des feuilles et de l'axe de la talle ainsi

---

* Les astérisques signalent la première occurence d'un terme dont le lecteur trouvera une définition dans le glossaire, situé en fin d'ouvrage.

que des arrêts de croissance, le chapitre 4 aborde l'émission des racines par la talle et, entre les deux, un troisième chapitre concerne le comportement paradoxal de la jeune feuille quand elle est broutée, car celui-ci est étroitement lié à la mécanique du rouleau de feuilles en croissance.

Le chapitre 5 décrit et formalise les différents types de tallage ainsi que leurs régulations. C'est le phénomène de base du développement végétatif, résultant de la mise en croissance directe ou différée des bourgeons. La mise en croissance directe est étroitement synchronisée aux étapes de la construction des feuilles et de l'axe de la talle mère.
L'« état reproducteur » auquel parviennent certaines talles fait l'objet du chapitre 6. Les talles reproductrices cohabitant le plus souvent avec des talles végétatives, on cherche à cerner les facteurs et conditions du passage de certaines à l'état reproducteur. On décrit la morphologie de la talle en montaison. On s'intéresse enfin aux relations des talles reproductrices avec les talles restées végétatives qui les environnent ou qui leur sont associées. Ces relations conditionnent notamment la pérennité.

Le chapitre 7 décrit la sénescence et la mort des feuilles, des racines et des talles, processus presque toujours contemporains de l'émission de nouveaux organes et de la naissance de nouvelles talles. On y aborde aussi le rôle des souches de talles mortes pour leurs filles vivantes.

Le chapitre 8 décrit les groupes de talles formant des unités d'ordre supérieur — les fragments —, ainsi que les deux types de tiges horizontales qui les associent et assurent la colonisation clonale : les rhizomes* souterrains et les stolons* courant sur la surface du sol. Les regroupements de talles qui permettent des échanges entre celles-ci constituent l'équivalent des plantes individuelles des espèces sans croissance clonale. Le chapitre 9 traite des taches et des touffes, formes produites par la croissance clonale à une échelle spatio-temporelle plus large, ainsi que de leur dynamique sur plusieurs années.

Le chapitre 10 revient au niveau des talles individuelles, mais situées dans un peuplement de voisines, parentes ou étrangères. La question de l'obliquité habituelle de croissance des talles et la problématique de leur localisation individuelle sont détaillées. On rapporte ensuite des observations répétées de distributions horizontales de talles qui révèlent que le peuplement est hétérogène et changeant à échelle fine, même en prairies régulièrement fauchées. Des simulations basées sur les règles de développement exposées dans les chapitres précédents montrent l'importance du développement végétatif et de sa régulation dans la structure spatiale fine d'un peuplement et dans sa dynamique.
Les chapitres 2 à 7 de cet ouvrage se situent dans la lignée des travaux de Michel Gillet, cofondateur et chercheur à la station Inra d'amélioration des plantes de Lusignan des années 1960 aux années 1980. Son approche des graminées fourragères et les observations générales qu'il en a tirées ont profondément influencé la vision actuelle de la croissance des graminées. Nous voulons ici lui rendre hommage.

Chapitre 1

Individus, plante et modules, clonalité

▸▸ Identité de l'individu végétal

La double nature de l'individu vivant

On peut définir un individu vivant d'un point de vue fonctionnel ou d'un point de vue génétique :
− un individu fonctionnel est un organisme, structure autonome assurant l'ensemble des fonctions vitales ;
− un individu génétique est le génotype original constitué dans un zygote* à la fécondation ; c'est le corpus d'informations qui a permis de construire les structures vivantes et les fait fonctionner.

Les structures vivantes hébergent dans chacune de leurs cellules une copie du génotype original qui les a construites. Leur destruction fait disparaître ces copies.

Chez les animaux (supérieurs), un zygote donne un embryon, qui donne un corps, individu fonctionnel unique, avec des tissus différenciés à peu près de même âge, sans cellules souches totipotentes*. La mort des tissus différenciés étant inéluctable à plus ou moins court terme, celle de l'animal entier et la disparition de toutes les copies de son génotype le sont aussi. Il y a association complète entre individu fonctionnel et individu génétique : les traces d'ADN sont devenues la meilleure preuve de la présence d'une personne sur le lieu d'un crime… La reproduction sexuée est obligatoire. La sélection darwinienne se déroule clairement et simplement.

Chez les végétaux, l'embryon issu du zygote donne une multitude de méristèmes* dont les cellules juvéniles se multiplient. Ils produisent en continu des tissus différenciés le long d'axes. Les âges des tissus sont contrastés sur un même axe. Les formes fonctionnelles peuvent être réitérées sans cesse (voir par exemple les rameaux sur les arbres). Chaque bourgeon est une copie de l'embryon initial, en attente de conditions propices à la végétation. Un génotype peut persister éternellement dans des tissus jeunes continuellement renouvelés, tant que ces tissus demeurent sains. On peut prolonger l'existence de génotypes intéressants pour l'agriculture en régénérant des plantes complètement saines à partir de cultures de méristèmes au laboratoire, y compris chez les graminées (Dale, 1979).

Biodiversité et sélection

Les espèces, races, écotypes et variétés sont des ensembles d'individus ayant des caractères communs et se distinguant « suffisamment » des autres par des traits botaniques, morphologiques ou fonctionnels ainsi que par des caractères génétiques, appréciés indirectement ou directement. Classiquement, une très mauvaise interfécondité distingue les espèces. Des batteries d'observations sur des individus fonctionnels permettent de distinguer des races génétiques. Le génotypage permet d'associer des caractères fonctionnels particuliers à des séquences moléculaires sur le génome.

La biodiversité est la diversité des espèces et races de ces espèces dans un écosystème. On peut s'y intéresser pour son effet sur le fonctionnement de l'écosystème (Loreau, 2000) ; ce sont alors les individus fonctionnels qui sont concernés. Quand on cherche à conserver des espèces risquant de disparaître, le point de vue est patrimonial, et c'est l'individu génétique qui est visé.

La sélection aboutit à privilégier certains génotypes, mais elle résulte du tri d'individus fonctionnels selon leur supériorité dans l'écosystème naturel ou agricole. Sauf pour les espèces à peu près annuelles (ou traitées comme telles par l'agriculture), la sélection végétale ne peut pas éliminer directement les génotypes « défavorables ».

À la recherche de l'individu végétal

L'individu fonctionnel peut être dénommé « plante ». C'est au minimum quelques feuilles associées à quelques racines par une tige, éventuellement très courte. Normalement, la tige produit régulièrement des feuilles et les racines s'allongent en continu, tandis que les bourgeons à l'aisselle des feuilles sont dormants. La plante intègre ses organes et constitue une unité dans ses interactions avec le milieu et les autres plantes.

L'individu génétique peut être réduit à une seule plante, mais c'est biologiquement exceptionnel. En général, il est constitué par la collection des plantes hébergeant un même génotype. Certains auteurs le nomment « genet » pour désigner un groupe de plantes contemporaines sur une surface (Suzuki *et al.*, 1999), notamment pour en reconstituer l'histoire, par rapport à un point origine séminal* supposé (Jonsdottir *et al.*, 2000). Il nous semble préférable d'appeler simplement « clone* » l'individu génétique pour tenir compte de sa dimension temporelle. Un même individu génétique peut se retrouver à plusieurs époques et dans plusieurs plantes plus ou moins distantes les unes des autres. Elles portent toutes la capacité d'échanger et de recombiner leurs gènes avec d'autres, alimentant ainsi la population dans laquelle les mécanismes de sélection opèrent (Gould, 2006).

Le clonage est dans la nature même du végétal. Les fraisiers d'une même planche dans un jardin sont une petite partie d'un clone. Les pieds de pomme de terre

'Bintje' qui ont poussé dans le monde depuis que cette variété existe constituent ensemble un clone. Le clonage végétal, toujours naturel, peut être spontané (voir ci-dessous, p. 7) ou traumatique. Ce dernier cas recouvre les fragmentations de pivots, de tubercules*, de rhizomes ou de stolons qui dérépriment des bourgeons dormants (Fernandez, 2003), ainsi que toutes les pratiques agricoles de bouturage et de greffage.

▸▸ Structure modulaire de la plante

Types de modules

La plante est reconnue depuis très longtemps comme modulaire dans son fonctionnement et dans sa morphogénèse (synthèse par White, 1979 ; voir aussi Pruzinkiewicz et Lindenmayer, 1990). Les modules fonctionnels sont les axes, répartis en pousses aériennes, en tiges rampantes ou souterraines, et en racines. Ils sont clairement identifiables et importants tout au long de la vie des plantes dans tous les groupes botaniques. Leur nombre, leur taille et leur disposition relative structurent et définissent la forme de la plante, y compris chez les graminées (Gillet, 1980 — voir chapitre 5).

Les modules morphogénétiques sont d'abord des métamères* sur les axes méristématiques. Chez les herbacées — dicotylédones ou graminées —, ces métamères deviennent ensuite des structures répétées sur l'axe adulte. Ce sont les phytomères*, intéressants pour décrire l'architecture de l'axe.

Les axes, modules fonctionnels

Les axes sont terminés par un méristème actif qui les fait grandir, et rattachés à d'autres axes ou à un point origine séminal. Les axes comportent les organes capteurs et les sites de stockage. Ils assurent les échanges de ressources fabriquées (sucres dans les feuilles) ou captées (eau et minéraux par les épidermes racinaires). Une théorie des tuyaux a été développée (*pipe model theory*) pour représenter les plantes comme des faisceaux d'axes assurant les échanges (figure 1.1 ; voir Godin, 2000, et les références qu'il cite).

Les phytomères, modules morphogénétiques et structuraux

Quand il apparaît dans la première moitié du xxᵉ siècle, le terme de « phytomère » désigne le motif structural qui se répète sur l'extrémité méristématique de l'axe. Il regroupe une ébauche foliaire et le segment situé entre cette ébauche et celle d'en dessous. On ne peut pas définir une structure modulaire en associant le segment du dessus, puisqu'il n'y en a pas d'identifiable au-dessus de la toute première ébauche foliaire. Celle-ci est en effet directement surmontée par le dôme apical (voir figures 2.4 et 2.5). Quand on a voulu étendre ce concept à des axes en croissance ou adultes, la question du rattachement des bourgeons de ramification et de racines s'est posée. L'article de Sharman (1942) est souvent invoqué à l'appui de la conception traditionnelle du phytomère (figure 1.3.A).

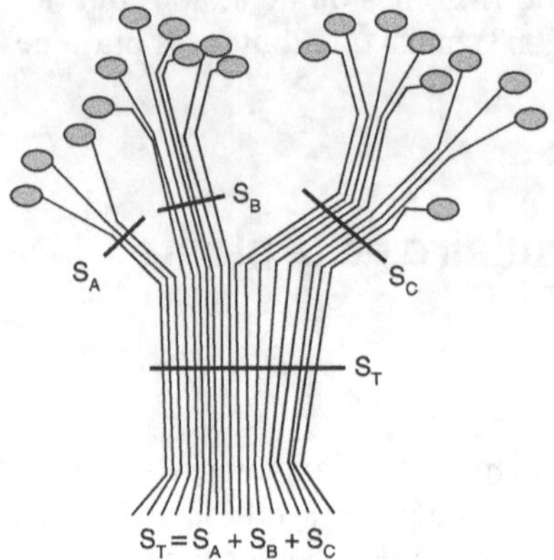

Figure 1.1. Plante à axes ramifiés représentée par un faisceau de tuyaux interconnectés à certains niveaux. La capacité de transport du tronc est la somme des capacités de transport de chaque branche A B C. D'après la figure 5b de Godin, 2000.

Sharman (1942) n'utilise pas le terme de « phytomère ». Il appelle « disque d'insertion foliaire » l'ensemble de l'unité structurale répétée sur le méristème. La moitié supérieure d'un tel disque porte l'ébauche foliaire, et sa moitié inférieure est formée de files de cellules parallèles déjà allongées, à l'origine de l'entrenœud. Dans le bas de cette zone se différencient de petites taches de cellules de forme ramassée qui évolueront en ébauches de bourgeons et de racines, au moins chez le maïs, espèce sur laquelle ont porté les observations de Sharman. C'est l'origine de la représentation traditionnelle. Cependant, au cours de la morphogénèse, le nœud va se construire en associant l'extrémité inférieure d'un module méristématique à l'extrémité supérieure de celui d'en dessous, comme l'indique Sharman lui-même (figure 1.2).

Appliqué à des structures en croissance ou adultes, le phytomère traditionnel apparaît ainsi centré sur l'entrenœud, associé à un demi-nœud à chaque extrémité (figure 1.3.A). Clark et Fisher (1987) ont critiqué cette conception, notamment en ce qu'elle ne respecte pas l'association entre la feuille et les organes portés par le nœud sur lequel elle est implantée à l'état adulte. C'est la feuille axillante*, c'est-à-dire celle qui enveloppe les bourgeons portés par le nœud, qui apportera aux structures qu'ils produiront l'essentiel du carbone qu'elles vont utiliser (Marshall, 1996).

Quand on privilégie l'intégrité du nœud et son association à l'ensemble de ses appendices, les entrenœuds peuvent être partagés et leurs moitiés rattachées au nœud le plus proche (figure 1.4), particulièrement pour une dicotylédone. Chez les graminées, il vaut mieux conserver l'entrenœud entier et associer au nœud soit l'entrenœud du dessus, enveloppé par la gaine de la feuille (figure 1.3.B, choix fait par Clark et Fisher, 1987), soit celui du dessous (figure 1.3.C) quand on veut tenir compte de la dynamique des méristèmes intercalaires. C'est cette conception que nous adoptons, notamment parce qu'elle est cohérente avec le modèle de croissance

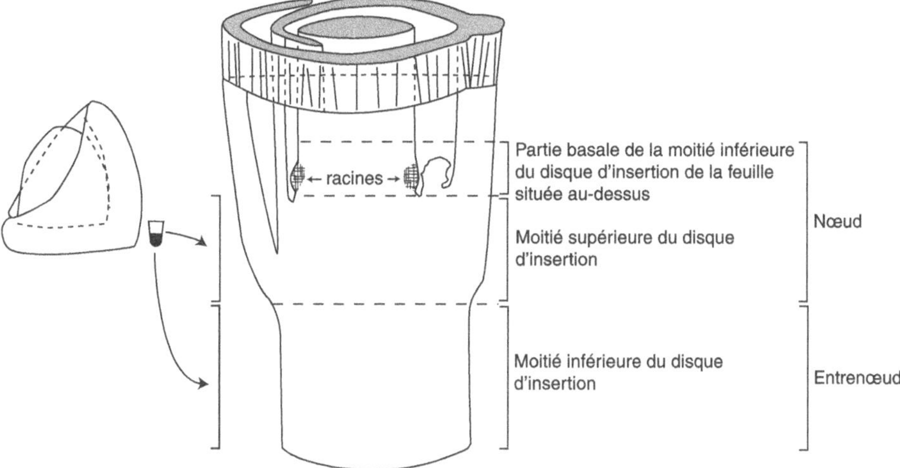

Figure 1.2. Le « disque d'insertion », module structurant l'axe méristématique d'une graminée, et ce qu'il devient à partir du moment où le nœud s'ébauche. D'après la figure 14 de Sharman, 1942.

Sharman considère que ce qu'il nomme « disque d'insertion foliaire » comporte deux moitiés, figurées par les parties blanches et noires du petit rectangle à droite du dessin de l'apex, à gauche de la figure. La moitié supérieure (blanche) donnera la zone d'insertion de la feuille adulte, alors que la moitié inférieure (noire) est elle-même à partager en deux : sa partie supérieure produira l'entrenoeud, alors que sa partie basale est à l'origine de la zone d'insertion des racines et du bourgeon axillaire.

que nous exposerons plus bas (voir p. 21). Il ne faut pas confondre cette structure de phytomère avec la représentation traditionnelle (figure 1.3.A). Dans le type correspondant à la figure 1.3.C que nous adoptons, l'intégralité du nœud et tous ses appendices se trouvent en haut du phytomère. La limite entre deux phytomères successifs est prise à la base de l'entrenœud, là où se trouvait le dernier méristème intercalaire. Sur les pousses reproductrices montantes des graminées, c'est là, juste au-dessus du vrai nœud que se forme la boule qu'on peut sentir sous les doigts et qu'on prend souvent à tort pour le nœud. Cette boule est parfois dénommée « *joint* » en anglais (Hitch et Sharman, 1971 ; voir leur figure 12). Malgré la critique pertinente qui en est faite depuis longtemps pour des structures adultes, la conception traditionnelle du phytomère (figure 1.3.A) est encore fréquemment reprise dans des analyses générales (Room *et al.*, 1994) ou sur graminées (Nelson, 2000 ; Forster *et al.*, 2007).

Le problème des nœuds multiples

Les stolons de certaines espèces de graminées présentent des nœuds multiples. Un nœud multiple est constitué d'un nombre défini de zones successives à vaisseaux anastomosés*, chacune porteuse de bourgeons plus ou moins spécialisés et/ou de structures foliaires, au moins ébauchées. Pour certains auteurs, notamment ceux cités par Dong et de Kroon (1994) à propos de *Cynodon dactylon* et pour Ito *et al.* (2003) en ce qui concerne *Zoysia japonica*, il existe un entrenœud très court entre

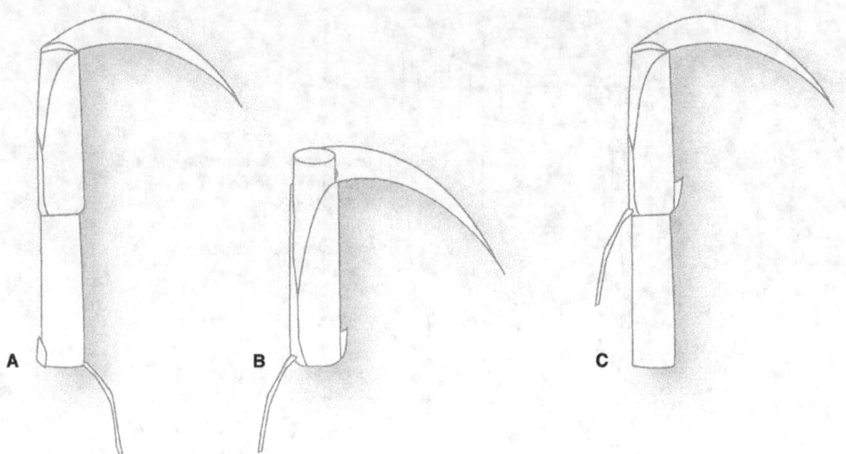

Figure 1.3. Trois conceptions du phytomère, représentées dans le cas des graminées. D'après la figure 5.1 de Clark et Fisher, 1987.

A. Conception traditionnelle, centrée sur l'entrenœud. Il est associé à la partie supérieure du nœud inférieur, avec les bourgeons, et à la partie inférieure du nœud supérieur, avec la gaine* de la feuille.

B et **C.** Conceptions préservant l'unité vasculaire et physiologique du nœud tout en lui associant un entrenoeud entier :
– pour B, on associe l'entrenoeud engainé, physiquement le plus proche ;
– pour C, si on veut tenir compte de l'activité des méristèmes intercalaires, il vaut mieux associer l'entrenœud inférieur.

On peut noter que l'alternance phyllotaxique* est respectée sur ces schémas : en A, le bourgeon porté par le phytomère est du côté de la fente de la gaine, alors qu'en B et C il est du côté du limbe* et du dos de la gaine, et donc en réalité caché par celle-ci. Pour une graminée végétative, la longueur des entrenœuds représentés ici est évidemment considérablement exagérée.

Figure 1.4. Une représentation du phytomère centrée sur le nœud, la feuille et le bourgeon associés.

Une portion de chaque entrenœud adjacent est incluse. Cette représentation, qui privilégie la fonctionnalité du nœud, est particulièrement pertinente pour les dicotylédones.

des nœuds élémentaires. De leur côté, Stiff et Powell (1974) ont observé la structure histologique des entrenœuds et des nœuds sur 8 espèces de graminées à gazon sportif, dont les deux qui viennent d'être citées. Pour ces auteurs, il y a bien une structure à vaisseaux parallèles — caractère définissant un entrenœud — entre des nœuds élémentaires sur 5 espèces, dont *Agrostis stolonifera*. Il n'y en a par contre pas dans les trois autres, dont *Cynodon dactylon* et *Zoysia japonica*. Ces dernières espèces forment donc bien de véritables nœuds composés. Dans le premier cas, on devrait plutôt considérer comme phytomère chaque nœud (avec son petit entrenœud) tandis que, dans le second cas, l'ensemble des nœuds contigus et de l'entrenœud qu'ils surmontent devraient plutôt être pris comme un seul phytomère. Des informations sur le rythme de formation de ces structures permettraient sans doute une meilleure formalisation du phytomère sur ces stolons de graminées.

▶▶ Clonage spontané et croissance clonale

Reproduction végétative et plantes à croissance clonale

Contrairement à certaines classifications de « plantes clonales » (par exemple celle de Klimes *et al.*, 1997), il nous semble qu'une distinction majeure doit être faite en premier lieu entre le clonage exclusivement dans le temps et le clonage contemporain dans l'espace, si l'on s'intéresse aux individus fonctionnels. Le clonage dans le temps est une simple reproduction végétative. Des plantes bien distinctes forment des propagules dormants avant de mourir, et les bourgeons sur ces propagules ne peuvent entrer en croissance que nettement après cette mort. On parle de plantes « pseudo-annuelles » ; un bon exemple en est la pomme de terre (figure 1.5). On en trouve fréquemment parmi les espèces de sous-bois (*Trientalis europaea* — Piqueras et Klimes, 1998 — ou encore *Circaea lutetiana* — Verburg *et al.*, 2000). Aucune graminée ne peut être rangée dans ce groupe.

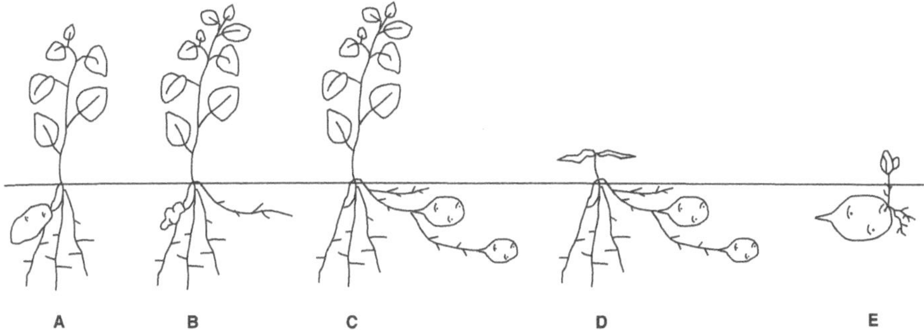

Figure 1.5. Un exemple de plante pseudo-annuelle, la pomme de terre, *Solanum tuberosum*. D'après la figure 171 dessinée par Alan Bryan, *in* Bell, 1991.

A. En saison de végétation, une plante pousse à partir d'un tubercule puis émet un ou plus souvent des rhizomes.

B-C. En fin de végétation, les bourgeons du rhizome entrent en dormance* et son extrémité tubérise.

D-E. Après « un certain temps » au cours duquel la plante initiale est morte, la dormance des bourgeons du tubercule est levée et une ou des plantes peuvent naître et croître.

Le clonage contemporain dans l'espace produit des copies de la plante mère, potentiellement autonomes mais connectées entre elles et capables d'échanger. Il s'agit d'un niveau supplémentaire de modularité dans l'architecture végétale. C'est dans ce cas qu'on peut parler vraiment de plante « à croissance clonale » (figure 1.6). Le module de base d'une plante à croissance clonale est appelé « ramète* » (figure 1.7). Les modules d'âges différents sont en association fonctionnelle. Sur l'ensemble connecté, un gradient d'âge entre modules s'ajoute au gradient d'âge sur chaque axe. Toutes les graminées, même les annuelles, font partie de ce groupe.

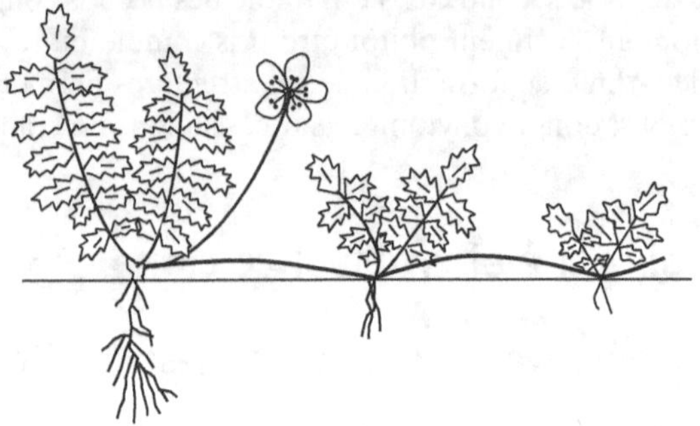

Figure 1.6. Un schéma de plante à croissance clonale.

Une plante isolée en croissance émet un axe horizontal dont les nœuds portent des bourgeons latéraux non dormants. Alors que la plante mère reste en croissance active, les nœuds successifs du stolon émettent des pousses aériennes et des racines, intégrés ensemble en une plante fille. Les filles sur les nœuds successifs sont connectées entre elles et à la mère.

Les deux types de clonage peuvent être associés quand des plantes à croissance clonale développent aussi des organes de réserve associés à des bourgeons dormants, comme les rhizomes et les bulbes. Beaucoup de graminées sont dans ce cas.

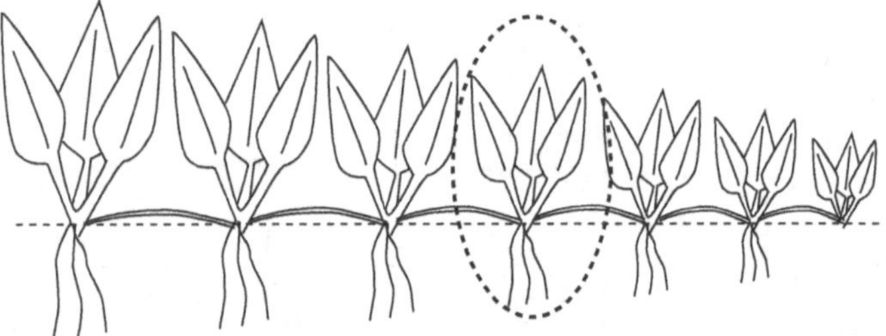

Figure 1.7. Un ramète (cerclé) sur une plante à croissance clonale.

Expansion horizontale et fragmentation des plantes à croissance clonale

La croissance clonale suppose des tiges horizontales appelées « espaceurs* » et/ou des bourgeons latéraux viables à la base des pousses aériennes, au voisinage de la surface du sol. Les espaceurs sont dénommés « stolons » ou « rhizomes » selon, entre autres caractères, qu'ils s'allongent au-dessus (stolons) ou en dessous (rhizomes) de la surface du sol. Quand les entrenœuds des espaceurs sont allongés, ils dispersent les ramètes, rendant alors le réseau de connexions lâche (figure 1.8).

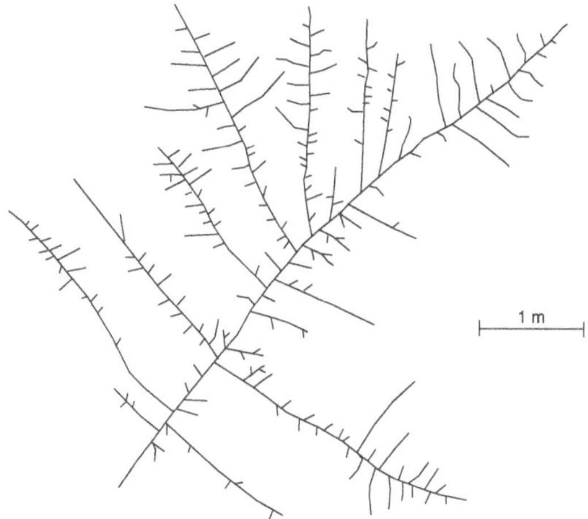

Figure 1.8. Un exemple d'occupation de la surface par le réseau lâche d'une plante à croissance clonale à espaceurs longs, *Hydrocotyle bonariensis*. D'après la figure 1 d'Evans, 1991.

Dans tous les autres cas, le réseau est dense et il se forme un bloc serré de ramètes. Ces structures sont associées à des stratégies d'occupation de l'espace auxquelles les écologues ont donné des appellations militaires (Lovett-Doust et Lovett-Doust, 1982 ; Humphrey et Pyke, 1998) :
– la stratégie « guérilla* » concerne des réseaux lâches qui occupent vite des espaces favorables mais abandonnent rapidement les zones encombrées ;
– la stratégie « phalange* » concerne des amas serrés. Ces derniers diffusent très lentement mais résistent très bien à l'invasion par d'autres plantes.

Denses ou lâches, les réseaux se fragmentent fonctionnellement par la mort et physiquement par la destruction de leurs parties anciennes (figure 1.9). Les plantes à croissance clonale se multiplient par division, comme des microbes… Les « fragments clonaux » produits par ces divisions sont totalement équivalents des plantes des espèces dépourvues de croissance clonale. La taille de ces « plantes » est souvent définie par leur ordre de ramification (pour le trèfle blanc, voir Brock *et al.*, 1988, et la figure 1.10 ; pour les graminées, voir Brock *et al.*, 1996). Les proportions de fragments plus ou moins complexes dans un peuplement varient continuellement sous les effets opposés de la ramification, qui complexifie, et de la fragmentation, qui simplifie. La figure 1.11 donne un exemple de dynamique saisonnière chez le trèfle blanc.

La fragmentation peut être traumatique (piétinement…), mais elle semble surtout résulter de processus d'abscission ou de sénescence d'organes après transferts de réserves. Ces processus suivent un programme propre à l'espèce (Wilhalm, 1995 ; Hay et Kelly, 2008). Plusieurs graminées en C4* vivant en régions froides (Canada subissent une fragmentation par le gel hivernal qui détruit les parties anciennes de leurs structures souterraines (Schwarz et Reaney, 1989).

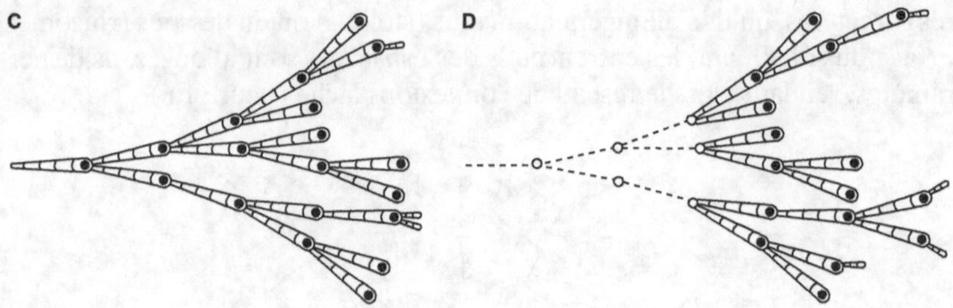

Figure 1.9. Développement et fragmentation de l'arborescence des axes horizontaux d'une plante à croissance clonale. D'après la figure 171 dessinée par Alan Bryan, *in* Bell, 1991.

C : état initial.

D : après « un certain temps », quelques axes ont produit chacun un ou deux axes dans leur prolongement, et les trois premiers niveaux de la hiérarchie ont disparu. Il y a maintenant trois fragments clonaux parfaitement indépendants.

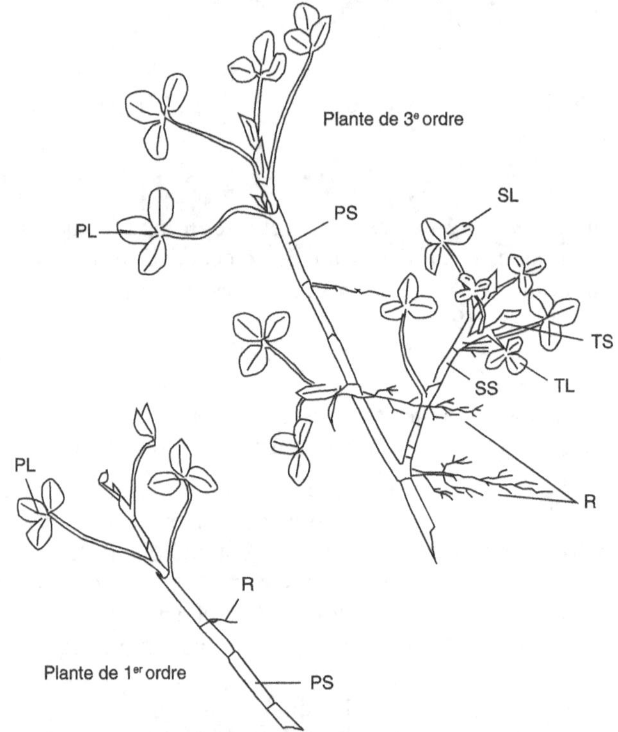

Figure 1.10. Fragments clonaux de *Trifolium repens* de 1er et 3e ordres, observés dans une vieille pâture en Nouvelle-Zélande. D'après la figure 4.1 de Pinxterhuis, 2000.

PS : stolon primaire. **PL** : feuille issue du stolon primaire. **SS** : stolon secondaire. **SL** : feuille issue du stolon secondaire. **TS** : stolon tertiaire. **TL** : feuille issue du stolon tertiaire. **R** : racine.

Le rameau raciné d'en bas, séparé de toute structure porteuse, est une plante indépendante. Celle-ci est de 1er ordre car dépourvue de toute ramification.

L'axe principal de la plante du haut porte 2 ramifications primaires (2e ordre) mais comme la branche de droite est elle-même ramifiée, l'ensemble de la plante est de 3e ordre.

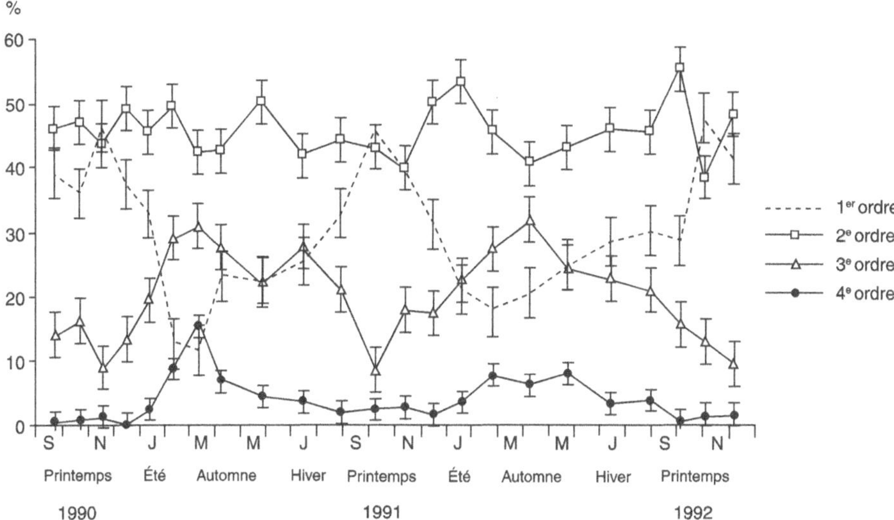

Figure 1.11. Proportions de fragments clonaux d'ordres 1 à 4 dans la population totale des fragments de trèfle observés à 23 dates de septembre 1990 à décembre 1992 en prairie pâturée près de Palmerston North, Nouvelle-Zélande. D'après la figure 4.2 de Pinxterhuis, 2000.

La période d'observation couvre 3 printemps (hémisphère austral). Les fragments de 2ᵉ ordre sont en proportion élevée et peu changeante au cours du temps. Il y a opposition entre les fragments de 1ᵉʳ ordre, très fréquents chaque printemps et rares en fin d'été, et les fragments de 3ᵉ ordre. Les fragments de 4ᵉ ordre, jamais fréquents, varient *grosso modo* comme les fragments de 3ᵉ ordre.

Intégration physiologique et bénéfice des structures clonales

Les observations en environnement constant montrent qu'il y a effectivement échanges entre ramètes, mais aussi qu'il y a concurrence entre eux au sein d'un même ensemble interconnecté (Williams et Briske, 1991). Quand les ressources sont également accessibles pour tous les ramètes, les flux d'échanges sont en faveur des plus jeunes (figure 1.12). C'est quand les ressources sont spatialement hétérogènes que les structures clonales présentent les bénéfices les plus nets : les ramètes en situation favorable soutiennent les autres (figure 1.12 ; Marshall, 1990) et on observe des soutiens réciproques (Friedman et Alpert, 1991 ; Birch et Hutchings, 1994 ; Stuefer *et al.*, 1996).

▸▸ Dynamique de peuplements de ramètes sur une surface

On considère classiquement qu'il existe dans un peuplement végétal « adulte » une relation dynamique entre la densité d d'individus (leur nombre par unité de surface) et leur poids moyen w : $w = k \cdot d^{-3/2}$ (Westoby, 1984). Cette relation est généralement dénommée « loi d'auto-éclaircissement » ou « loi puissance – 3/2 ».

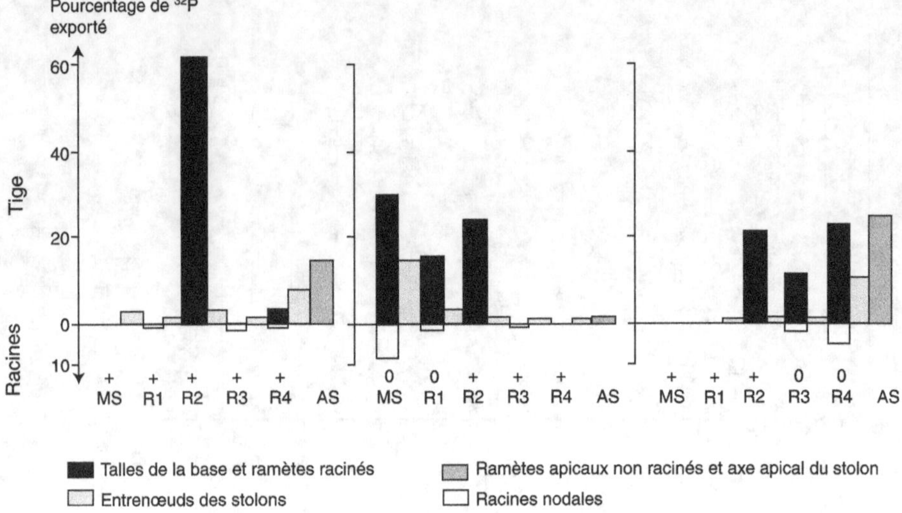

Figure 1.12. Distribution tout au long d'un stolon d'une ressource captée par un ramète du milieu de ce stolon, selon les conditions de capture de la ressource par les autres ramètes. Exemple du phosphore chez *Agrostis stolonifera*. D'après la figure 6 de Marshall, 1990.

0 : substrat sec. + : substrat humide.

Les racines du ramète R2 reçoivent du phosphore radioactif et bénéficient dans tous les cas d'un sol humide.

Le diagramme de gauche montre la distribution quand tous les autres ramètes sont normalement alimentés : le phosphore capté par les racines de R2 va majoritairement à ses parties aériennes, secondairement à l'extrémité de l'axe (plus jeune ramète et surtout zone apicale non racinée) et marginalement aux segments du stolon entre les ramètes.

Quand les ramètes de la base de l'axe sont mis hors d'état d'absorber du phosphore (diagramme du centre), le ramète R2, qui est le plus proche des ramètes en déficit, les alimente massivement ainsi que leurs connexions, au détriment de ses propres parties aériennes et de l'extrémité en croissance.

Quand ce sont les jeunes ramètes qui sont en déficit (diagramme de droite), les flux sont renversés ; l'affectation aux parties aériennes de R2 reste aussi limitée que dans le cas précédent.

Le coefficient k est censé dépendre de l'espèce. En pratique, il varie très peu à l'échelle des changements de densités et de poids individuels pris en compte par la relation (Gorham, 1979, et White, 1980, tels que cités par Westoby, 1984). La relation rend bien compte du comportement d'un nombre arbitraire d'individus mis en place sur une surface à un moment donné et capables de croître indéfiniment (forêt). Au bout d'un temps d'autant plus bref qu'ils sont nombreux, ils entreront en concurrence asymétrique pour la lumière, et les plus gros élimineront les moins gros.

Hutchings (1979) et Pitelka (1984) ont critiqué l'application de cette « loi » aux ramètes des espèces à croissance clonale. Ceux-ci présentent une taille et une durée de vie limitées. Par ailleurs, la production de nouveaux individus est continuelle et régulée par la densité du peuplement au moment où commence leur croissance. La conjonction entre ces deux caractères rend improbable l'établissement d'un régime permanent de concurrence asymétrique pour la lumière. La figure 1.13 montre une dynamique cyclique de la relation entre poids individuel et densité chez des carex,

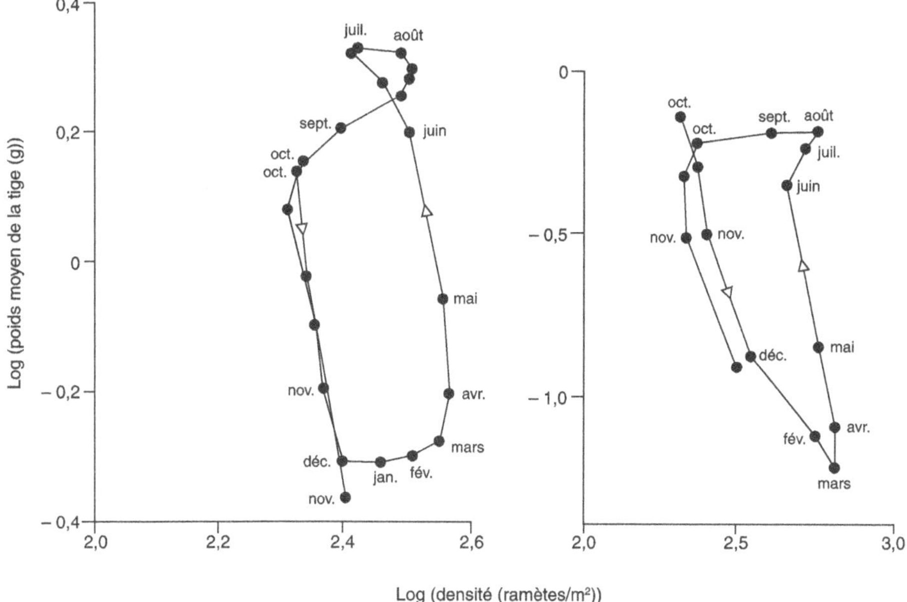

Figure 1.13. Trajectoires des valeurs « log (densité) × log (poids individuel) » des ramètes de deux graminoïdes sur une durée d'un peu plus d'un an. D'après la figure 3 de Hutchings, 1979.

Graphique de gauche : *Carex rostrata* ; graphique de droite : *Carex aquatilis*.

Les petits triangles indiquent le sens dans lequel la trajectoire est parcourue au cours du temps.

On peut distinguer 4 tendances saisonnières dans ces cycles, plus ou moins nettes selon l'espèce :
– en automne, une forte baisse du poids moyen des ramètes sans augmentation de leur nombre ;
– en hiver, une hausse de la densité sans variation importante du poids individuel ;
– au printemps, une hausse importante du poids individuel sans changement de la densité ;
– en été, une première période où le produit « poids individuel × densité » reste proche d'un maximum, suivie d'une phase de baisse de densité sans baisse du poids moyen.

espèces à croissance clonale proches des graminées. Ces trajectoires cycliques ont souvent été retrouvées sur de vraies graminées, mais peu d'observations ont été publiées (on peut citer celles de Thompson *et al.*, 1990, sur *Spartina anglica*).

Chapitre 2

Morphologie
et construction du brin d'herbe

⇉ Morphologie d'une pousse chez les graminées

Dissection d'un brin d'herbe

Le brin d'herbe, dénommé « talle », est la pousse aérienne élémentaire chez les graminées. La figure 2.1 reprend la dissection décrite par Gillet (1980). L'élimination préalable des feuilles plus ou moins abîmées laisse voir une structure à 3 feuilles, qui semblent surmonter ce qu'on nomme parfois une « pseudo-tige » et qui est en réalité le rouleau des parties basales des feuilles emboîtées, les gaines. Sur cet exemple, la feuille la plus emboîtante (F6) est pleinement adulte, comme le montre l'angle net que dessine la base du limbe avec la gaine, juste au niveau de la « ligule* » (voir ci-dessous). Le limbe de la feuille suivante (F7) est de l'autre côté de la talle, car les feuilles successives sur une pousse de graminée se font toujours face (phyllotaxie alterne). Gillet a noté que cette feuille n'est pas tout à fait adulte : « la base de la gaine est tendre », et l'angle du limbe avec la gaine est moins ouvert que pour F6. Dans la mesure où la gaine de F6 n'est pas nettement fendue, un troisième critère aurait permis cette conclusion : avant dissection, la ligule de F7 n'avait pas dépassé celle de F6 (voir figure 2.1 et plus loin).

La feuille suivante (F8) paraît axiale, mais seulement parce que son limbe n'est pas déroulé. Elle est en pleine croissance, et fragile. Quand elle sera adulte, son limbe se déploiera à peu près au-dessus de celui de F6. Même après dissection, l'emplacement de la future ligule est difficilement visible ; il est en fait très bas dans le rouleau des gaines des feuilles plus âgées. À l'intérieur de cette feuille roulée, se trouve à la base un petit étui, la future feuille F9, alors en début de croissance. Cette structure enlevée, il semble à l'œil nu ne rien rester d'autre que les couronnes de racines. Il reste en fait une petite pointe, dénommée « apex » sur la figure : c'est l'ensemble de la zone méristématique active de la talle.

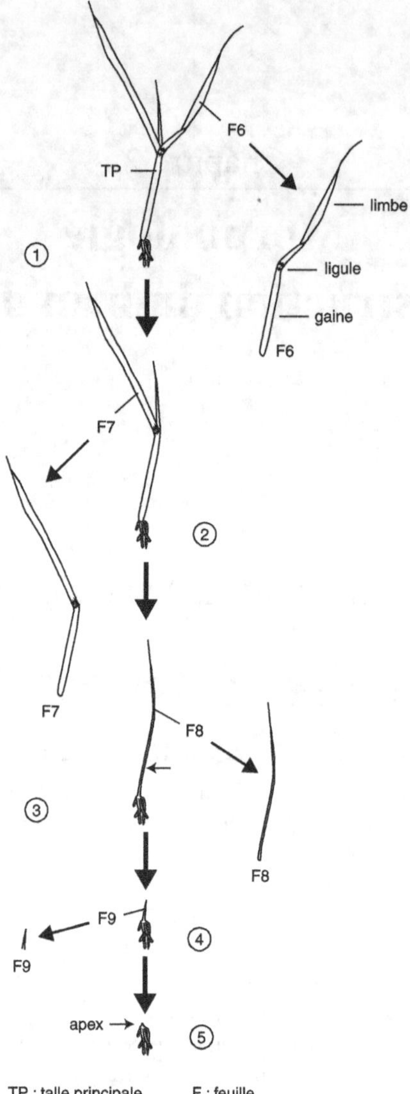

Figure 2.1. Dissection d'un brin d'herbe en ses feuilles successives, lesquelles enveloppent son apex. D'après la figure 2.3 de Gillet, 1980.

Une feuille adulte non coupée comme la F6 présente en général un limbe bien plus long par rapport à la gaine, souvent avec un port en cloche.

Morphologie et structure standard du limbe d'une feuille adulte

Le limbe d'une feuille de graminée est un voile limité par les épidermes inférieur et supérieur, recouverts de cires (figure 2.2). Perçant ces épidermes, des stomates assurent le contact entre les espaces internes de la feuille et l'atmosphère. La feuille est élancée, de relativement faible épaisseur et c'est la courbure de sa section qui lui assure son port plus ou moins érigé. Les faisceaux cribro-vasculaires* de xylème* et de phloème* qu'elle contient permettent le transport des sèves. Ils sont renforcés de cellules lignifiées qui complètent le dispositif permettant la tenue mécanique de la feuille. Entre les faisceaux, des vaisseaux courts et de faible diamètre assurent le partage de l'eau et de la sève élaborée entre les différentes zones de la feuille. Juste sous l'épiderme supérieur, des faisceaux de « cellules bulliformes » capables de perdre rapidement leur turgescence permettent au limbe de s'enrouler en cas de sécheresse (Brock et Kaufman, 1990), plus ou moins selon l'espèce.

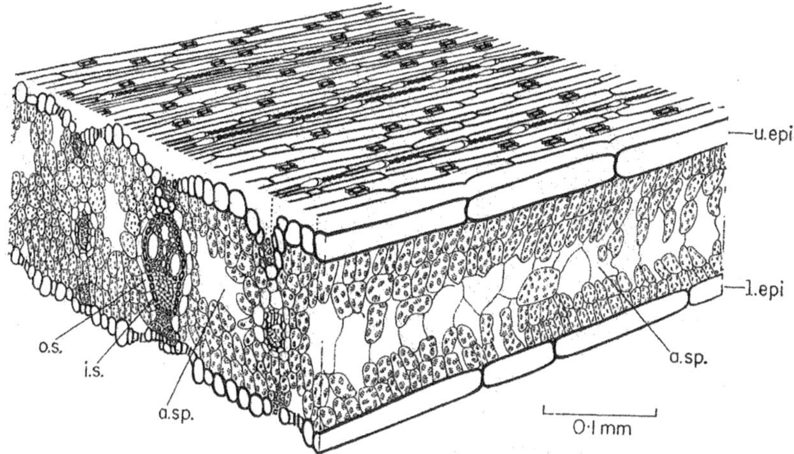

Figure 2.2. Restitution en 3D de la coupe transversale, de la coupe longitudinale et de l'aspect de l'épiderme supérieur d'un limbe de *Dactylis glomerata*. D'après la figure 4.19 de Barnard, 1964, reproduite avec l'autorisation de Palgrave Macmillan.

o.s. : gaine extérieure — i.s. : gaine intérieure d'un faisceau de vaisseaux conducteurs — a.sp. : aérenchyme — u.epi : épiderme supérieur — l.epi : épiderme inférieur

Structure standard de la talle

La petite partie — à laquelle sont attachées les racines — qui reste après élimination de toutes les feuilles constitue au sens strict la totalité de la tige de la talle végétative. Même très petite, elle est essentielle en ce qu'elle assure tous les échanges et l'équilibrage des ressources entre feuilles et racines et porte la zone méristématique, encore plus petite, qui produit en continu de nouveaux phytomères.

La structure standard d'une talle de graminée peut être formalisée comme sur la figure 2.3 (Yang *et al.*, 1998). En haut, une zone méristématique héberge un nombre variable de *primordia** de phytomère, puis un phytomère portant une feuille en croissance complètement cachée dans le rouleau des gaines des feuilles adultes — la feuille F9 de la figure 2.1. Celui-ci surmonte un phytomère portant l'unique feuille émergée mais non déroulée de la talle : c'est la feuille de référence sur la figure 2.3 et la feuille F8 de la figure 2.1. En dessous, de 2 à 5 phytomères (nombre assez peu variable) portent des feuilles adultes vivantes. À la base de cette zone, un premier phytomère porte des racines. Ce phytomère peut encore porter une feuille vivante, mais la sénescence peut avoir commencé plus haut ou ne se manifester que plus bas. En dessous, chaque phytomère porte des racines, jusqu'à la « base » de la talle, c'est-à-dire son point d'insertion sur sa mère, ou une zone en décomposition. La longueur totale en nombre de phytomères dépend de l'âge de la talle et/ou de la capacité de persistance des tissus. Contrairement à ce qu'on pourrait attendre, l'espèce ne semble pas avoir d'effet propre, en dehors de la capacité de persistance des tissus (figure 2.3).

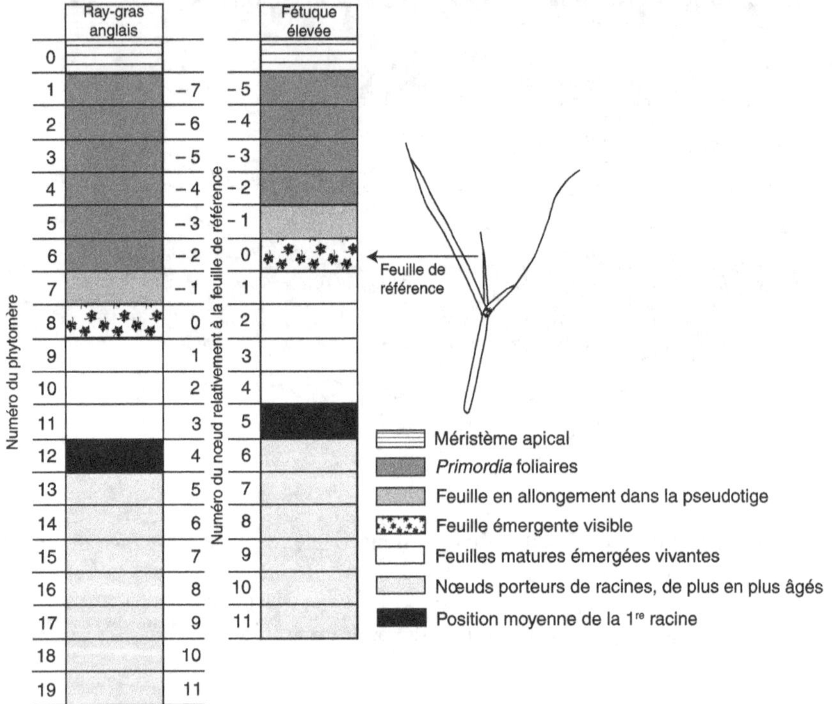

Figure 2.3. Schéma structural général d'une talle de graminée à partir de l'exemple d'observations sur deux espèces, *Lolium perenne* et *Festuca arundinacea*. D'après la figure 4 de Yang *et al.*, 1998.

Dans la légende intégrée à la figure, « méristème apical » désigne uniquement le dôme apical constitué de cellules indifférenciées. « *Primordia* foliaires » désigne les phytomères méristématiques où les cellules continuent à se multiplier mais se différencient suffisamment pour que les parties composant chaque phytomère soient identifiables. C'est l'ensemble méristème apical + *primordia* foliaires que nous désignons par « méristème » ou « zone méristématique » de la talle dans le texte.

La feuille de référence (feuille émergente non déroulée) correspond à la feuille F8 de la figure 2.1, celle du dessus, « en allongement dans la pseudotige », à la feuille F9 et celles portées par les phytomères représentés en blanc équivalent aux feuilles F7, F6 et à celles qui étaient en dessous.

Quand la talle est jeune, ce schéma reste valable en supprimant tous les phytomères racinés de la base ainsi que les plus anciennes feuilles adultes. Tout en bas d'une talle très jeune, on peut voir une feuille spéciale, la préfeuille*. C'est une feuille-étui, à peu près réduite à une gaine. La préfeuille est dénommée « coléoptile* » quand l'observation porte sur la première pousse issue de la semence. Elle fait partie d'un phytomère normal, avec un bourgeon de ramification et la possibilité d'émettre des racines.

▸▸ Morphogénèse sur une talle d'âge quelconque

Différence entre la création et la construction d'un individu au cours de sa croissance

La mise en croissance d'un bourgeon crée un nouvel individu-talle. Il en est de même pour la germination d'un embryon, laquelle produit un brin-maître. Le brin-maître peut parfaitement être considéré comme une talle comme les autres, surtout du point de vue végétatif qui nous intéresse dans cet ouvrage. On peut l'appeler simplement « talle principale ». La mise en croissance des bourgeons et les premières étapes de la vie d'une talle seront traitées au chapitre 5.

La morphogénèse formalise la façon dont se construit un individu existant. Sur un brin d'herbe en croissance, les mêmes processus vont se répéter, quel que soit l'âge de l'individu, tout au long de sa vie. C'est ce dont traite cette section.

Les processus de la croissance sont complètement dépendants de la température. La croissance cesse quand la température descend en dessous d'un seuil appelé « zéro de végétation ». Celui-ci diffère entre groupes d'espèces. Les festucoïdes*, dites « graminées tempérées », ou « en C3* », ou « *cool season grasses* », cessent de pousser vers 0 à 3 °C. Les panicoïdes*, dites « graminées tropicales », ou « en C4* », ou « *warm season grasses* », le font vers 10 °C. Au-dessus du seuil et jusqu'à des températures généralement associées à d'autres conditions défavorables, la croissance est à peu près proportionnelle à la température. On en tient compte en exprimant le temps en somme de degrés-jours, ou « somme de températures » au-dessus du zéro de végétation. C'est le temps thermique.

Production des *primordia* de phytomères par l'apex d'une talle

C'est une phase de multiplication cellulaire (mérèse*), accompagnée de la différenciation et de l'organisation des cellules en territoires ou amas visuellement identifiables. Un dôme apical de diamètre constant produit des cellules indifférenciées selon des règles standard. Il s'élève progressivement au-dessus de *primordia* de phytomères dont le diamètre augmente avec l'âge (figure 2.4). Une coupe longitudinale dans le plan des feuilles montre la différenciation cellulaire et l'apparition sur l'axe des futurs nœuds et entrenœuds. Dans les limbes, la croissance se produit d'abord transversalement à l'axe, pour embrasser partiellement l'apex, puis dans le sens longitudinal de la feuille (figure 2.5).

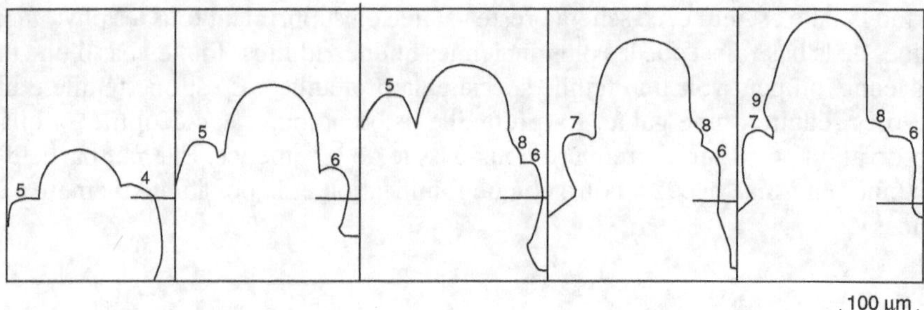

Figure 2.4. Production des *primordia* de phytomères par la base d'un dôme apical. Exemple de l'apex du brin maître d'une plantule d'orge. D'après la figure 2 de Hejnowicz et Wloch, 1980.

Les chiffres indiquent le numéro de la feuille dont l'amas cellulaire constitue l'ébauche (numérotation à partir du bas). La série de contours est arrangée pour que la base du *primordium* de la feuille 6 soit toujours au même niveau, signalé par un court trait horizontal à droite.

On remarquera :
– la montée du dôme apical au fur et à mesure de l'accumulation de nouveaux *primordia* ;
– le diamètre constant du dôme apical ;
– l'augmentation du diamètre des *primordia* avec leur âge : l'ébauche de feuille 4 est chassée de l'image entre le 1er et le 2e dessin, et celle de feuille 5 entre le 3e et le 4e dessin.

L'émission des *primordia* sous le dôme apical est régulière en temps thermique sur un individu végétatif (Gallagher, 1979 ; Miglietta, 1989). Le délai entre l'émission de deux *primordia* successifs est appelé « plastochrone* ». Chez les graminées, contrairement aux dicotylédones, on ne doit pas assimiler le rythme d'émission des *primordia* à celui des feuilles adultes (phyllochrone*). Sur céréales (blé, orge, seigle), le plastochrone au stade végétatif est souvent trois fois plus rapide que le phyllochrone (Hunt et Chapleau, 1986 ; Hay et Kemp, 1990) ; ceci assure l'accumulation d'ébauches de feuilles avant le passage de l'apex à l'état reproducteur. On manque de données sur graminées prairiales mais, sur la talle principale de plantules de fétuque élevée, Robson (1974) a observé une ébauche supplémentaire sur l'apex à chaque fois qu'une nouvelle feuille était émise, ce qui signifie que le plastochrone y est 2 fois plus rapide que le phyllochrone. De toutes façons, au-delà des *primordia* présents dans le bourgeon ayant donné naissance à la talle, un plastochrone au moins égal ou un peu plus rapide que le phyllochrone est indispensable à la poursuite de la croissance de la talle. Dans le cas contraire, le nombre d'ébauches disponibles tendra vers zéro, et la croissance cessera. En dehors de problèmes individuels, on rencontre cette situation dans certaines espèces comme le chiendent (*Elytrigia repens*), surtout quand des rejets sont en croissance sur la talle (Rogan et Smith, 1974 et 1975).

Croissance effective des phytomères

C'est une phase d'allongement cellulaire, l'auxèse*, qui va affecter successivement les différentes parties du phytomère. Elle se produit en situation engainée, ce qui nécessite le maintien de méristèmes intercalaires à la base des organes en croissance

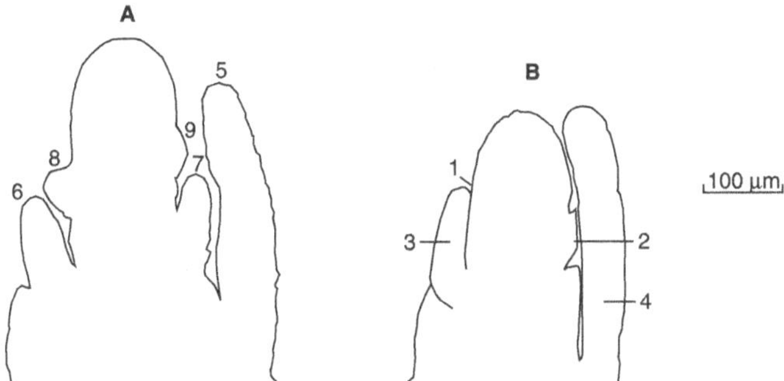

Figure 2.5. Contours d'une coupe longitudinale de la zone méristématique apicale d'une talle

A. Sur le brin maître d'une plantule d'orge, avec numérotation des ébauches à partir du bas. La coupe est faite sur un apex à peu près au même stade que la dernière image de la figure 2.4, mais la position des ébauches successives de feuilles montre que la vue est inversée dans le sens droite-gauche. D'après Hejnowicz et Wloch, 1980.

B. Sur une pousse de chiendent (*Elytrigia repens*), avec numérotation des ébauches à partir du dôme apical. D'après la figure 1 de Hitch et Sharman, 1971. 1 à 4 : *primordia* foliaires.

La talle observée est d'âge indéterminé. Dans ce cas-là, la numérotation des ébauches se fait toujours à partir du haut. L'apparition d'une nouvelle ébauche incrémentera le numéro de chacune des ébauches qui étaient déjà formées.

On peut remarquer que l'ébauche 4 sur cette coupe est au même stade que l'ébauche 5 sur 2.5A.

effective, et un emboîtement complexe des feuilles successives. Bien entendu, les cellules des organes encore entièrement méristématiques et les méristèmes intercalaires des organes en croissance continuent à se multiplier.

La confrontation des schémas structuraux de Yang *et al.* (1998) (cf. figure 2.3) aux périodes d'activité des différents méristèmes intercalaires (Skinner et Nelson, 1994a — voir p. 27, ci-dessous ; Fournier *et al.* 2005) et au modèle d'organogénèse et de croissance de Malvoisin (1984b, sur blé ; figure 2.7), nous a fait reconnaître 4 phases successives dans la croissance effective des phytomères (figure 2.6).

- Au cours d'une 1re phase, le limbe s'allonge à l'abri des gaines existantes, sa base continuant à être le siège de multiplications cellulaires. Les files de cellules qui constitueront les vaisseaux dans le nœud commencent à se distinguer (Patrick, 1972b). Le phytomère du nœud 4 de la figure 2.6 se situe dans cette phase.

- En 2e phase, l'extrémité du limbe est adulte, sa partie basale s'allonge ainsi que la partie supérieure de la future gaine, encore en dessous. La pointe du limbe émerge en début de phase, puis une proportion de plus en plus grande de celui-ci, poussé par la fin de croissance de la base de ce limbe et surtout par l'allongement d'une partie de plus en plus grande de la gaine. La future ligule se différencie puis se forme. Le phytomère du nœud 3 se trouve dans cette phase.

- Le début de la 3e phase est marqué par l'émergence de la ligule à l'air libre. Le limbe est déjà adulte. Une croissance amortie du bas de la gaine fait émerger une partie plus ou moins importante du haut de celle-ci au-dessus du tube des gaines précédentes, et la feuille devient entièrement adulte. Les connexions vasculaires sont pleinement différenciées dans le nœud (Patrick, 1972b, et figure 2.9). Une partie des cellules méristématiques de l'entrenœud peuvent s'allonger et devenir adultes. Le phytomère du nœud 2 est dans cette phase.

- En 4ᵉ phase, le reste des cellules méristématiques de l'entrenœud deviennent adultes, avec un allongement le plus souvent infinitésimal quand la talle est végétative, sauf en cas d'ombrage fort ou d'enterrement (voir ci-dessous, p. 28, et plus loin, chapitre 9). Le phytomère du nœud 1 se trouve dans cette phase.

Le passage d'un phytomère de la 4ᵉ phase de croissance au compartiment des phytomères adultes (Malvoisin, 1984b — figure 2.7) ne signifie pas que toutes ses cellules sont adultes. La synchronisation entre le programme de croissance qui vient d'être formalisé et l'évolution des connexions vasculaires jusqu'à un état complètement fonctionnel n'est pas tout à fait claire (voir ci-dessous p. 23). De même, les bases des gaines hébergent pendant longtemps des cellules sensibles à la pesanteur et capables de s'allonger (Brock et Kaufman, 1990 — voir p. 27, ci-dessous).

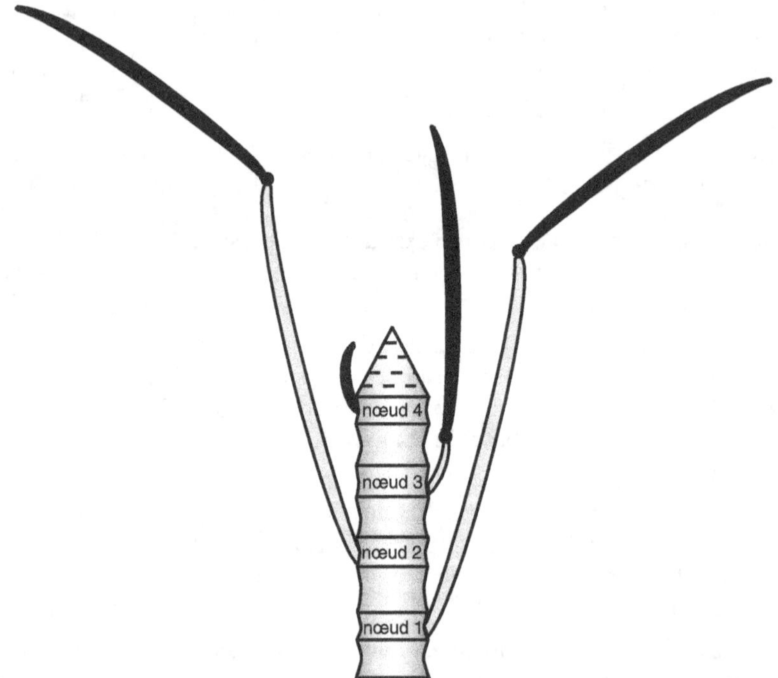

Figure 2.6. Diagramme des états de croissance des feuilles sur les 4 phytomères juste en dessous de la zone méristématique.

Le triangle strié horizontalement au-dessus du nœud 4 figure la zone des phytomères entièrement méristématiques. Les limbes sont en noir, les gaines en gris et la ligule est figurée par un gros point.

Par convention, la longueur des limbes adultes successifs est la même, et la hauteur des nœuds et entrenœuds est considérablement exagérée. Ceci entraîne notamment une disposition du jeune limbe de la feuille 4 très au-dessus de la gaine de la feuille 3, ce qui est faux. Dans la réalité, les structures jeunes sont emboîtées dans les plus anciennes, comme on peut le percevoir en effeuillant une talle (figure 2.1) et l'observer sur une coupe de la zone apicale en croissance (figure 2.8).

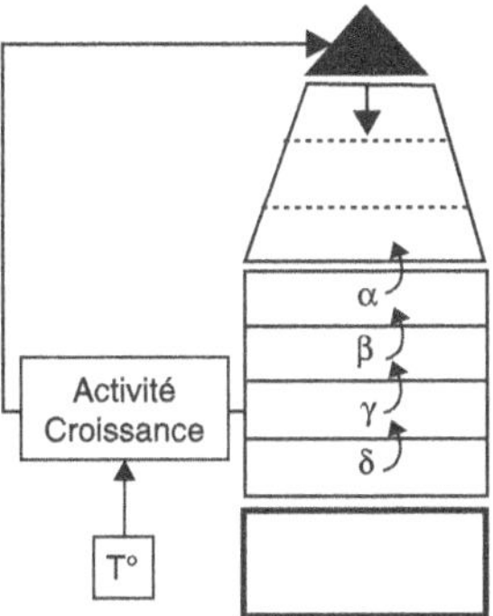

Figure 2.7. Dynamique de croissance d'une talle. D'après la figure 11 de Malvoisin, 1984b.

α : 1re phase. β : 2e phase. γ : 3e phase. δ : 4e phase.

Sous le contrôle de la température, le dôme apical (triangle noir) émet périodiquement par sa base des phytomères entièrement méristématiques qui croissent en diamètre (trapèzes en traits tiretés). Toujours sous le contrôle de la température mais à un rythme différent du précédent, une « trappe » de croissance affectant 4 phytomères successifs progresse périodiquement vers le haut d'un phytomère. Le plus ancien phytomère méristématique s'engage dans cette trappe, tandis que celui qui était à sa base la quitte pour rejoindre la zone des phytomères complètement adultes, figurés collectivement par le rectangle à bords épais.

La ligule et la coordination de la croissance entre les phytomères

La ligule peut servir de repère pour l'état de croissance d'une feuille (Gillet, 1980). Elle sépare la gaine du limbe. Elle est constituée de cellules qui ont gardé la longueur de cellules méristématiques (Kemp, 1980). Ces cellules assureront le basculement du limbe par rapport à l'axe de la talle en fin de phase d'allongement de la gaine. L'activité d'allongement des cellules est très similaire de part et d'autre de la ligule. Traditionnellement, on attribue à la ligule le rôle passif de bouchon protégeant les tissus en croissance de la dessication et de l'entrée d'eau et de pathogènes. Dans sa synthèse, Chaffey (2000) reconnaît un certain rôle passif, mais il insiste sur un rôle actif d'organe sécréteur, lubrifiant l'allongement du rouleau de feuilles. La ligule est aussi un fermoir qui contribue au soutien mécanique que la gaine adulte apporte aux bases des feuilles en croissance (Niklas, 1990), important pour leur comportement lors du broutage (voir chapitre 3).

La succession des phases de croissance décrite ci-dessus suppose une coordination étroite des changements de phase entre phytomères successifs sur une talle. Un véritable programme de croissance affectant 4 phytomères (Malvoisin, 1984b et figure 2.7) se déplace vers le haut d'un phytomère à chaque fois qu'une feuille émerge, c'est-à-dire à chaque phyllochrone. Sur les diagrammes de la figure 2.3 (Yang *et al.*, 1998), la feuille de référence est en 2e phase, le phytomère du dessus en 1re phase (limbe en croissance engainée), et celui du dessous, porteur de la première feuille adulte, en 3e phase. La coordination suppose un signal unique. Skinner et Nelson (1995) discutent les arguments en faveur de l'émergence de la pointe du limbe, tandis que Malvoisin (1984b) préfère l'émergence de la ligule, au début de la phase suivante. Plus qu'une arrivée à la pleine lumière, il pourrait s'agir d'une arrivée à l'air libre, laquelle provoquerait la jonction de files de vaisseaux conducteurs (Malvoisin 1984b).

Régularité, différences et conditionnement du phyllochrone

De nombreuses observations ont montré que le phyllochrone d'une talle est plutôt régulier en temps thermique (Gillet, 1969 ; Gallagher, 1979 ; Frank *et al.*, 1985 ; Hay et Delécolle, 1989). Des exceptions se manifestent pour des longueurs de gaines extrêmes et surtout quand surviennent des arrêts de croissance (voir p. 30, ci-dessous). L'alimentation azotée ne le modifie pas, bien qu'elle modifie la taille des feuilles (Langer, 1959). Le phyllochrone d'une talle donnée semble déterminé dès le début de sa vie (Gillet, 1969). Le rythme phyllochronique règle les évènements du développement individuel des graminées, y compris au niveau de l'inflorescence chez les céréales (Rickman et Klepper, 1995).

Le phyllochrone diffère entre individus d'une même espèce ou d'une même race, mais on peut toujours reconnaître une gamme de phyllochrones caractéristique de l'espèce (Frank *et al.*, 1985). Dans une même race ou une même variété, les phyllochrones diffèrent selon certaines conditions environnementales, au moins sur jeunes plantes : des jours courts (Cao et Moss, 1989a, sur céréales) et un éclairement réduit par rapport à la température ralentissent le phyllochrone (Cao et Moss, 1989b sur céréales ; Gautier *et al.*, 1999 sur *Lolium perenne*). La qualité de la lumière semble sans effet (Gautier *et al.*, 1999). Un long délai après une coupe ralentit le phyllochrone moyen (Duru *et al.*, 1999). On l'interprète souvent par l'allongement de la gaine, mais ce ralentissement ne s'observe pas en début de repousse. L'allongement de la gaine est alors compensé par une accélération de la croissance (Skinner et Nelson, 1994b), principalement parce qu'une gaine plus longue abrite une zone d'allongement plus grande qui produit un flux de cellules adultes plus rapide (Fournier *et al.*, 2005 ; Verdenal *et al.*, 2008). On observe aussi un ralentissement du phyllochrone moyen quand l'azote manque (Longnecker et Robson, 1994 ; Duru *et al.*, 1999) ou en sécheresse (Volaire *et al.*, 1998). Mieux que par un ralentissement de l'émission des feuilles sur chaque individu, cela peut s'interpréter par des arrêts de croissance sur une partie de la population de talles (voir ci-dessous, p. 30).

C'est le phyllochrone qui constitue l'unité de temps développemental pour les graminées, plus que le plastochrone. Cela tient à sa régularité et à la liaison entre ramification et émission des feuilles, comme on le verra au chapitre 5.

Vascularisation de la talle

Contrairement aux dicotylédones, il n'y a pas chez les graminées une vascularisation spécifique de la tige (Busby et O'Brien, 1979) sur laquelle s'implanteraient les vaisseaux conducteurs des feuilles. Les traces des vaisseaux se forment à partir du haut de la feuille en croissance, c'est-à-dire complètement déconnectées de la vascularisation fonctionnelle à ce moment-là (figure 2.8 en haut). Ensuite, chez les graminées tempérées, ceux-ci vont rejoindre les vaisseaux de la feuille adulte d'en dessous du même côté (même orthostichie*) après avoir traversé le nœud intermédiaire, qui

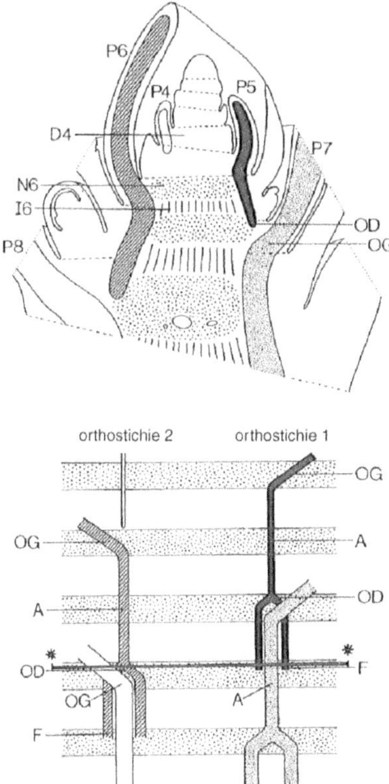

Figure 2.8. Morphologie et vascularisation longitudinale de la zone apicale d'une graminée festucoïde. D'après les figures 14 et 15 de Hitch et Sharman, 1971.

En haut : coupe de l'apex d'un *Poa* dans le plan des feuilles.

Les lignes pointillées transversales séparent les disques d'insertion (D) dans la zone des phytomères indifférenciés. Plus bas, les surfaces en petits points sont les nœuds (N) en cours de différenciation, et les zones en tirets parallèles sont les entrenœuds (I). P4 à P8 désignent les ébauches foliaires ou les feuilles, comptées à partir du dôme apical comme en 2.5B.

L'ensemble d'organes et de tissus que montre cette coupe peut être vu comme un empilement de phytomères (figure 1.3C p. 6) dans des états de croissance différents. La feuille P6, le nœud N6 et l'entrenœud I6 sont clairement associés en un même phytomère par Hich et Sharman, du fait même de leur numérotation. La structure P6 peut être vue comme la base d'une gaine en croissance, d'autant qu'au-dessus, les structures sont toutes petites. On peut alors le considérer comme en 2e phase du programme de développement (voir ci-dessus p. 21-22). Le nœud, l'entrenœud d'en-dessous et la feuille P7 forment alors le phytomère 7. Il est en 3e phase, avec un nœud vascularisé (Patrick, 1972b) et une ébauche de bourgeon de talle (figure 5.6 p. 53).

Les traces courbes, blanches, hachurées ou noires, montrent les vaisseaux médians de chaque feuille et leur descente dans la tige. Dans l'ébauche foliaire P4, la trace vasculaire (figurée en blanc) qui se différencie est très loin de se connecter. Celle issue de P5 (en noir) a déjà traversé le nœud N6 et l'entrenœud I6, et atteint le nœud de la feuille 7. La trace vasculaire de la feuille 6 est à peu près au même stade : elle va atteindre les vaisseaux de la feuille 8. Les vaisseaux de la feuille 7 (en gris) et ceux de la feuille 8 (en blanc) sont sans doute des vaisseaux adultes. OD (*obstructed strand*) désigne la file de vaisseaux qui arrive sur des vaisseaux existants, et OG (*obstructing strand*) ces vaisseaux qui vont les recevoir.

En bas : schéma structural correspondant à la coupe ci-dessus, avec les mêmes codes de gris, mais un peu plus tard : les rencontres ont eu lieu ! À gauche, les vaisseaux de P6 ont enfourché ceux de P8, et à droite, ceux de P5 ont enfourché ceux de P7.

porte une feuille de l'autre côté. Les vaisseaux cheminent encore vers le bas dans l'entrenœud, parallèlement aux vaisseaux qu'ils ont rejoints, puis s'arrêtent en atteignant le nœud juste en dessous (figure 2.8 en bas). En plus du nœud d'implantation de la nouvelle feuille, les vaisseaux de celle-ci traversent le nœud inférieur, puis s'accrochent aux vaisseaux de la même file qui existent déjà au nœud d'en dessous, pour finir trois nœuds plus bas (Hitch et Sharman, 1971). La vascularisation est périodique. La liaison entre les vaisseaux de la nouvelle feuille et ceux de la feuille d'en dessous est assurée dans chaque nœud concerné par des fibres vasculaires faisant pont (« *bridging strands* » — Patrick, 1972a).

Une autre particularité de la vascularisation des graminées est le plexus nodal* (Hitch et Sharman, 1971) : des vaisseaux transversaux anastomosés assurent une liaison entre les vascularisations longitudinales des deux orthostichies (vaisseaux médians et vaisseaux latéraux) et, surtout, les connectent aux vaisseaux en croissance dans les bourgeons (figure 2.9). En plus du plexus nodal intérieur, Bell (1976) a aussi observé sur *Lolium multiflorum* un « plexus périphérique ». Là où il est bien développé, les vaisseaux des talles s'y connectent prioritairement.

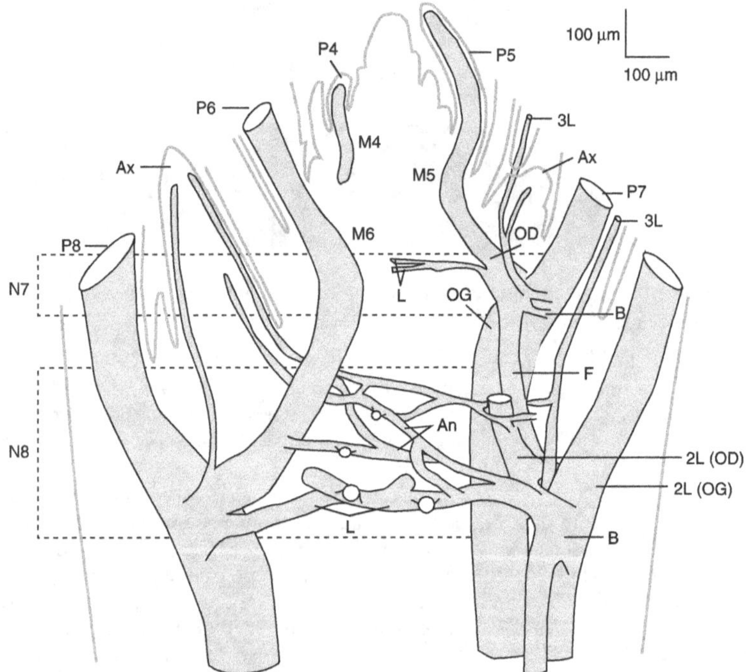

Figure 2.9. Schéma reconstruisant la structure vasculaire de l'extrémité d'une talle de graminée tempérée, avec les plexus nodaux. D'après la figure 17 de Hitch et Sharman, 1971.

L'extrémité de talle représentée ici est à peu près au même stade que celles schématisées sur la figure précédente.

Dans le nœud N7, une file de vaisseaux « en boucle » est en cours de formation (L pour « *looping strand* ») sur la médiane de l'image, dans l'espace entre les deux orthostichies.

Dans le haut du nœud N8, les vaisseaux sont anastomosés (An). Certaines de leurs branches rejoignent les vaisseaux descendant du bourgeon de talle porté par ce nœud, à l'aisselle de la feuille P8. Dans le bas de ce nœud, apparaissent des vaisseaux en boucle (L).

Chez le maïs, la vascularisation est aussi anastomosée au niveau des nœuds, mais il semble qu'on puisse encore identifier la trace des vaisseaux issus d'une feuille 8 à 10 nœuds en dessous, et de l'autre côté de la tige (Sharman, 1942).

▸▸ Croissance de la talle en longueur

Activité puis disparition des méristèmes intercalaires

Tant que le méristème intercalaire est actif, ses cellules subissent une augmentation de volume préalablement à leur division. Cela maintient la longueur moyenne des cellules épidermiques entre deux valeurs extrêmes. Dans une phase ultérieure, les cellules des parties distales de ces méristèmes cessent de se diviser et poursuivent alors leur allongement jusqu'à atteindre environ dix fois leur taille initiale. Durant cette phase, la production de nouvelles cellules à la base de la feuille (qui demeure méristématique) et l'activité des cellules en croissance éloignent les plus âgées de la base de la feuille. Au cours du temps, le volume, et essentiellement la longueur de la zone de division cellulaire, augmente progressivement jusqu'à une longueur maximale qui est de quelques millimètres chez une graminée comme la fétuque. Sans rupture évidente dans cette dynamique, la longueur du méristème se réduit ensuite, comme si les cellules méristématiques perdaient leurs capacités à se diviser, alors que l'allongement se poursuit au-dessus. Le méristème se réduit de plus en plus jusqu'à ne représenter qu'une épaisseur de quelques cellules peu avant l'arrêt de l'allongement de la feuille. Le méristème intercalaire n'est pas tout à fait anni-hilé puisque, si les conditions le demandent, une certaine reprise d'allongement des cellules peut être observée à la base des gaines matures, comme pour le redresse-ment de l'extrémité de talles montantes versées (*leaf sheath pulvinus*, voir Brock et Kaufman. 1990).

Pendant une assez brève phase, on observe un régime permanent de production cellulaire de tissus en croissance. Sous ce régime, il y a autant de cellules qui entrent en allongement exclusif (sans plus se diviser) que de cellules qui atteignent leur taille maximale (Schnyder *et al.*, 1990). La vitesse d'allongement de la feuille est alors maximale. Cependant, à l'échelle de la durée totale de croissance d'une feuille, les dimensions des zones de division et de croissance stricte des cellules changent en permanence, et la vitesse d'allongement suit une loi classique d'accélération suivie de décélération.

Entre les feuilles successives, Skinner et Nelson (1994a) ont observé que la fin du fonctionnement méristématique de la feuille en croissance la plus ancienne coïn-cidait avec le démarrage du méristème de la feuille de deux rangs supérieurs, plus jeune, tandis que la ligule (encore méristématique) de la feuille médiane commen-çait à s'éloigner du méristème du bas de la gaine (voir plus haut p. 21). Skinner et Nelson (1994a) signalent enfin qu'à ces évènements correspond aussi le début de l'allongement de la talle de la feuille de deux rangs inférieurs (voir plus loin chapitre 5.).

La longueur de gaine, son contrôle et l'allongement de la feuille

Tant que la talle est à peu près dressée, une gaine de rang 'n' doit être plus longue que la gaine de rang 'n – 1' puisque sa ligule doit émerger au-dessus du tube des gaines adultes. L'incrément de longueur varie essentiellement en fonction de signaux lumineux d'ombrage-voisinage. Il s'agit principalement du rapport RC/RS*, rapport de l'énergie reçue dans le rouge clair (660 nm) à celle reçue dans le rouge sombre (730 nm). Il s'agit aussi de l'intensité dans le bleu (Gautier et Varlet-Grancher, 1996). Quand on fait baisser expérimentalement le ratio RC/RS, les feuilles sont plus longues, surtout la gaine (Casal *et al.*, 1987 sur *Lolium multiflorum*, *Sporobolus indicus* et *Paspalum dilatatum*). Ce rapport agit en modifiant rapidement la production d'auxine* et de gibbérellines* par les parties aériennes, *via* le phytochrome*. C'est un outil majeur d'adaptation de la morphologie à l'environnement contemporain chez la plupart des espèces herbacées (Smith, 1982). La distribution en hauteur des limbes d'une graminée dans un couvert dépend beaucoup de la densité d'individus et de la présence d'autres plantes (Maillette, 1986). La lumière bleue semble quant à elle agir en relation avec la fermeture des stomates (Gautier et Varlet-Grancher 1996) dont on sait qu'elle réduit la transpiration, ce qui freine l'allongement foliaire (Martre *et al.*, 2001).

La longueur de la gaine étant déterminée par son environnement, c'est surtout la longueur du limbe qui va être limitée par les ressources (sucres, azote) disponibles pour la talle au moment où la feuille croît. La croissance engainée de l'ensemble de la feuille impose cependant un plafond à sa longueur totale, c'est-à-dire limbe + gaine (Lestienne *et al.*, 2002). Une analyse théorique de l'allongement de la feuille et de la gaine en fonction de la position de la pointe du limbe en croissance a montré que la taille maximale d'une feuille dans la série foliaire dépendait des paramètres qui contrôlent la vitesse de production de cellules dans le méristème (Durand *et al.*, 2000).

Grant *et al.* (1981) ont observé que la longueur de la gaine précédente rendait compte de 60 à 80 % des variations de longueur des feuilles dans des peuplements de *Lolium perenne* élevés en bacs et diversement fauchés. Dans l'autre sens, il doit exister une taille minimale pour la feuille à émettre, à savoir la gaine imposée par les conditions externes, plus un éventuel limbe minimal sur lequel la littérature ne fournit aucune information.

Allongement des entrenœuds sur talles végétatives

On observe couramment l'allongement d'entrenœuds à la base de la pousse issue de la semence quand la graine a germé en profondeur (Newman et Moser, 1988 ; Raju et Steeves, 1998) et sur talles adultes à la suite de l'enterrement de la plante (voir plus loin, p. 131). On peut observer aussi l'allongement d'entrenœuds au-dessus du sol sur talles végétatives en situation de forte densité, dans des touffes (voir p. 122) ou même en peuplements réguliers chez certaines espèces (Simons *et al.*, 1974 sur *Lolium perenne* ; Neuteboom, 1981 sur *Elytrigia repens*).

Comme l'allongement des gaines, c'est un effet de signal lumineux. En enfermant les feuilles de talles de *Lolium perenne* dans un tube opaque de 15 cm de long,

Matthew *et al.* (2000) ont obtenu l'allongement de 3 entrenœuds successifs en à peu près 6 semaines, ce qui a fait remonter le point végétatif de ces talles à l'extrémité supérieure du tube. L'allongement de l'entrenœud intracoléoptilaire d'une plantule se produit autour de la fin d'expansion de la première feuille vraie (Kirby, 1993, sur orge), conformément au modèle ci-dessus (voir p. 21) Une levée suffisante le fait cesser (Ries, 1999, sur avoine). À des profondeurs de semis telles que la 1re feuille crève le coléoptile avant qu'il n'ait atteint la surface, les deux entrenœuds au-dessus de l'entrenœud intracoléoptilaire vont aussi s'allonger, ce qui permettra aux plantules survivantes de placer leur apex puis la base court-nouée* d'une talle normale près de la surface (Gillet, 1980 ; Kirby, 1993).

▸▸ Largeur du limbe et circonférence de la gaine et du nœud

Le limbe d'une jeune feuille est roulé (ou plié) dans la gaine de la feuille précédente de façon bien définie pour chaque espèce. Ses zones de croissance étant confinées à l'intérieur de cette gaine, il est peu probable que la largeur du limbe s'écarte beaucoup de l'espace qui est laissé à ses cellules quand elles sont en expansion. Ce n'est pas la largeur du limbe qui peut varier en fonction des ressources disponibles. Il est beaucoup plus probable qu'il existe un rapport constant entre la largeur du limbe et la circonférence de la gaine, elle-même nécessairement très voisine de la circonférence du nœud qui la porte. En association trèfle-ray-grass installée, Wilman et Acuna (1993) ont mesuré des largeurs de limbe de *Lolium perenne* variant de 3,2 à 3,8 mm entre 4 dates d'observation. En moyenne de 10 dates, ces largeurs sont très dépendantes de la hauteur de coupe : de 3,25 à 3,30 mm pour une exploitation entre 2 et 4 cm, et de 3,50 à 3,60 mm quand l'herbe a été coupée entre 6 et 10 cm.

La largeur des limbes augmente quand le diamètre des nœuds successifs augmente. C'est spectaculaire sur le maïs au cours de la croissance de la plantule, avant que la tige ne s'allonge (figure 4.3 p. 42). On l'observe aussi sur plantules de graminées tempérées : sur *Festuca arundinacea*, la largeur du limbe augmente régulièrement de 2 mm à 8 mm entre la 2e et la 7e feuille, puis se stabilise (Robson, 1974).

Quand les nœuds successifs conservent le même diamètre, la largeur des feuilles est à peu près constante, même quand leurs longueurs varient beaucoup. Sur talles adultes, le diamètre des nœuds successifs varie peu au long d'une section court-nouée mais peut changer sensiblement après l'allongement d'un ou plusieurs entrenœuds.

La saison d'installation de la plantule différencie nettement la grosseur des talles. Pour une même variété de dactyles dans des conditions de croissance ultérieure non limitantes, le poids d'une talle n'a varié que de quelques milligrammes autour de 80 mg/talle après installation au printemps, alors qu'il s'est étalé de 130 à 190 mg/talle après une installation en fin d'été (Belesky, 2005).

⇥ Les arrêts de croissance

Les arrêts individuels de croissance

La régularité individuelle du phyllochrone et l'existence probable d'une taille finale minimale de la feuille émise à un moment donné peuvent se trouver en contradiction si les ressources normalement disponibles pour la talle à l'échéance sont insuffisantes. Quand la lumière manque, une baisse de la masse surfacique peut réduire la demande pour construire la feuille en croissance et pourrait ainsi faciliter la satisfaction des besoins au moment voulu. Il n'en est rien quand c'est l'azote qui manque. Trois solutions sont envisageables en cas d'insuffisance de l'offre par rapport à la demande :
– la mobilisation exceptionnelle de ressources supplémentaires sur le fragment clonal dont fait partie la talle. C'est certainement possible (voir ci-dessus, figure 1.12), mais cela doit dépendre d'une stratégie d'espèce dans les conditions où se trouve alors le fragment ;
– la production à l'échéance d'une feuille adulte plus courte que prévu par la configuration de la talle, c'est-à-dire à gaine plus courte. Cela ne semble possible que sur une talle à croissance suffisamment oblique et dans le cas où la fente de la gaine précédente est tournée vers le haut ;
– l'arrêt de croissance de la talle jusqu'à ce que les ressources disponibles redeviennent suffisantes, soit simplement par un temps d'acquisition plus long, soit à l'occasion d'un changement brutal des conditions locales permettant une acquisition massive de la ressource limitante.

Les arrêts de croissance sont avérés sur céréales, où les talles qui vont mourir en cours de montaison du couvert ont commencé par cesser d'émettre des feuilles plusieurs semaines avant de mourir (Davidson et Chevalier, 1990 ; voir également la figure 7.9). Tant qu'elle est vivante, une talle en arrêt de croissance peut redémarrer si des ressources redeviennent disponibles — la lumière après fauche des feuilles de talles dominantes ou l'azote dans une zone enrichie par un pissat. On peut parler de « suspension individuelle de croissance ».

Les suspensions générales de croissance

Quand le milieu devient directement défavorable à la croissance, on observe l'arrêt de celle-ci sur toutes les talles. C'est évidemment le cas avec la chute de la température en dessous du zéro de végétation, c'est aussi le cas avec la sécheresse. L'arrêt de l'allongement des feuilles quand celle-ci s'installe et sa reprise après réhumectation ont été observés *in situ* par Pugnaire *et al.* (1996) sur l'alfa (*Stipa tenacissima*), graminée dominante dans les steppes nord-africaines.

Au niveau cellulaire, la réponse de l'allongement des feuilles au déficit hydrique et à la réhydratation a été étudiée chez la fétuque élevée par Durand *et al.* (1995). L'allongement cellulaire est réduit de plus en plus fortement dans la zone distale de la partie en croissance, ce qui réduit sa longueur et le rapport d'allongement des cellules qui s'y trouvent. Les cellules qui n'ont pas atteint un certain seuil de taille sont susceptibles de reprendre leur allongement. Au-delà de cette taille, l'arrêt est définitif. Le temps de reprise de la croissance optimale, de un à deux jours, est celui de la reconstitution de la zone de croissance. De même, chez le dactyle, trois jours après réirrigation, Volaire *et al.* (1998) ont observé une vitesse de croissance des feuilles qui avaient survécu à la sécheresse supérieure à celle des feuilles des témoins irrigués tout l'été. Ces auteurs invoquent la remobilisation des réserves de sucres solubles et d'azote, mais cette conclusion mériterait d'être confrontée à l'état de la zone de croissance au moment de la reprise, ainsi que la densité de la végétation en sec. Celle-ci est généralement plus ouverte.

L'arrêt de croissance n'arrête pas la sénescence des feuilles. De grandes variations existent entre les espèces : les fétuques présentent une capacité à maintenir verts des tissus longtemps après que la croissance a été stoppée par un déficit hydrique modéré, lequel ralentit autant la sénescence que l'allongement (Onillon, 1993), et le ray-grass anglais présente une vitesse de sénescence accélérée par la sécheresse. Si l'arrêt est dû à une sécheresse intense et prolongée, qui dessèche directement les feuilles, la talle peut se retrouver rapidement sans feuille, sans pour autant être morte (Volaire *et al.*, 1998 ; Novoplansky et Goldberg, 2001).

Ces arrêts collectifs de croissance ne doivent pas être confondus avec les mises en dormance, qui affectent saisonnièrement tous les individus d'une même espèce ou d'un même écotype (voir ci-dessous). Les arrêts de croissance décrits ici sont immédiatement réversibles par la mise à disposition des ressources manquantes, par exemple par un gros orage en milieu de saison sèche méditerranéenne (Pugnaire *et al.*, 1996 ; Norton *et al.*, 2006) ou par la hausse des températures après une vague de froid. On devrait plutôt les qualifier de « suspension collectives de croissance ». Sauf quand il s'agit d'un passage sous le « zéro de végétation », les talles subissant de telles suspensions de croissance maintiennent une activité métabolique non négligeable (Norton *et al.*, 2006) ; elles sont « en veille ». Cet état est défavorable au niveau des réserves en sucres sur lesquelles elles devront puiser pour repousser, et à leur propre survie (Volaire, 1995 ; Volaire *et al.*, 1998).

La dormance estivale

La dormance estivale est un système de blocage de la croissance qui se manifeste après la saison de floraison, même quand les conditions d'humidité du sol pourraient permettre une végétation active, au moins par intermittences (Volaire et Norton, 2006). Elle consiste en une baisse précoce de l'activité métabolique, avec une faible croissance des feuilles dès le début de la saison sèche et une faible consommation d'eau durant l'été, un fort stockage de sucres solubles dans des entrenœuds parfois tubérisés ou des bases de feuilles formant bulbe, et une bonne persistance de la population de talles, qui sont réduites à leur base. Ces talles reconstitueront vite un couvert en début d'automne (Volaire *et al.*, 1998 ; Volaire et Norton, 2006). Une forte pluie de milieu d'été ne provoque pas de repousse (Norton *et al.*, 2006). C'est un caractère génétiquement déterminé, et tous les individus d'un même écotype réagiront de la même façon. On trouve des écotypes et des variétés plus ou moins dormants dans la plupart des espèces prairiales pérennes : outre le dactyle, au moins *Festuca arundinacea* et *Phalaris aquatica* (Malinowski *et al.*, 2005). Certaines espèces présentent systématiquement ce caractère, comme *Hordeum bulbosum*, *Phalaris tuberosa* ou *Poa bulbosa*.

Cette stratégie d'évitement n'est pas obligatoire pour passer une sécheresse répétée chaque année. D'autres espèces bien adaptées aux conditions semi-arides ne présentent pas cette dormance mais, au contraire, le comportement « opportuniste » décrit à la section précédente. L'arrêt de croissance des talles d'alfa (*Stipa tenacissima*) est immédiatement réversible par une forte pluie (Pugnaire *et al.*, 1996).

La vraie dormance estivale n'est pas contrôlée par la sécheresse mais, dès le printemps, par des signaux de longueur de jour et de température. Des photopériodes longues (= des nuits courtes) en températures douces induisent la dormance, surtout quand les plantes ont subi préalablement des jours courts ou des températures froides (Ofir et Kigel, 1999). Ces facteurs agissent *via* l'acide abcissique (Ofir et Kigel, 1998). Une fois installée, la dormance se réduit avec le temps, mais la levée de dormance semble accélérée par les températures élevées du plein été (Ofir, 1986).

La dormance hivernale

Symétriquement à la dormance estivale, certains écotypes résistants aux grands froids devraient manifester une dormance hivernale par un arrêt d'émission des feuilles bien avant qu'on puisse l'attribuer à la baisse de la température. Pour être analogue à la dormance estivale, elle devrait être induite par les conditions régnant en fin d'été et levée par les conditions de plein hiver, à l'instar de ce qu'on observe sur les arbres à feuilles caduques. On ne doit pas la confondre avec l'« acclimatation au froid » couramment observée chez les céréales d'hiver (voir par exemple Fowler, 2008). On n'a trouvé dans la littérature aucune description directe d'un tel processus de vraie dormance. On peut en voir la trace dans le suivi de la croissance des feuilles de *Nardus stricta* effectué en situation naturelle en Écosse tout au long de la saison de végétation par Grant *et al.* (1996). Exprimé en moyenne par talle vivante au moment de l'observation, l'allongement des feuilles atteint un maximum début juillet puis décroît assez régulièrement jusqu'à des valeurs négligeables fin octobre. L'allongement en été-automne devient, dès le début du mois d'août, inférieur à l'allongement constaté en tout début de printemps (début mai), alors que les températures de cette saison sont supérieures à celles du printemps. Ce résultat s'interprète bien par une croissance automnale qui ne concernerait que des feuilles déjà émises au printemps et encore en croissance, sans production de nouvelles feuilles.

Une telle dormance hivernale faciliterait l'accumulation de réserves (notamment carbonées) en automne et interdirait une reprise de croissance en conditions exceptionnellement douces avant le plein hiver. On pourrait retrouver un tel comportement dans les mesures faites par Moriyama *et al.* (2003) sur des cultivars réputés résistants au froid de *Dactylis glomerata*, *Phleum pratense* et *Lolium perenne* cultivés dans l'île de Hokkaïdo, au nord du Japon. À treize reprises entre début septembre et avril, des plantes ont été prélevées au champ, coupées à ras puis mises en croissance étiolée — au chaud dans le noir. Dans les 3 espèces, la croissance obtenue a été très faible sur le prélèvement de septembre, lequel correspondait à des températures extérieures supérieures à + 10 °C. Elle a été maximale a partir du prélèvement de début novembre, alors que la température extérieure était devenue négative, et sans grand changement sur les prélèvements ultérieurs.

Arrêts de croissance et synchronisation du programme de croissance entre feuilles successives

Les observations disponibles suggèrent que les suspensions de croissance individuelles ou collectives affectent l'ensemble des feuilles en croissance à ce moment-là. Chaque feuille s'arrête au stade du programme de croissance (décrit p. 21) auquel elle est parvenue. Quand les conditions redeviennent favorables, les feuilles qui ne sont pas mortes reprennent leur croissance au point où elles s'étaient arrêtées. La synchronisation entre feuilles successives est maintenue.

Quand une dormance s'installe, les conditions contemporaines ne sont pas défavorables à la croissance. Les feuilles déjà engagées dans le programme de croissance devraient poursuivre celle-ci, mais plus aucune ébauche foliaire ne devrait s'y engager. Quand la feuille en début de croissance engainée (1re phase) au moment de l'entrée en dormance aura fait émerger sa ligule (entrée en 3e phase), elle prendra l'allure de la feuille « drapeau » d'une céréale, qui n'engaine aucune nouvelle feuille. À la levée de dormance, la plus vieille ébauche foliaire s'engagera en 1re phase, et il faudra au moins 1 phyllochrone pour que la croissance reprenne ; celle-ci se manifeste par l'apparition de la pointe d'une jeune feuille en haut des tissus morts, comme lors de la levée d'une plantule. Les feuilles d'après la dormance ne sont plus synchronisées avec celles d'avant.

Chapitre 3

Même broutée, la jeune feuille s'allonge…

▸▸ La cassure des feuilles est paradoxale

La récolte n'arrête pas l'allongement des feuilles en croissance

Au pré, que l'herbe soit fauchée ou broutée, on observe la séquence d'évènements décrite figure 3.1. La coupe n'arrête pas l'allongement d'une jeune feuille amputée de sa partie distale par la récolte. Une talle disposant la plupart du temps d'une feuille émergente en croissance, la reconstitution d'une surface photosynthétisante non négligeable est à peu près immédiate pour chaque individu, même après un prélèvement sévère, alors qu'une dicotylédone comme le pissenlit ou la luzerne devra attendre pour cela la croissance d'une nouvelle feuille. Un tel comportement constitue un grand avantage écologique : l'avantage conféré à la graminée peut en effet être décisif en situation de pâturage intensif où chaque individu est brouté environ une fois par semaine.

Il paraît simple de conclure que cette différence de comportement provient de la position des méristèmes. Chez les dicotylédones, ils sont aux extrémités des axes et donc supprimés directement par l'animal. Dans une feuille de graminée en croissance, l'ensemble des massifs de cellules en division et en expansion se trouve dans la base (Maurice *et al.*, 1997), ce qui les préserve et leur permet de rester actifs. C'est valable pour une fauche, mais le broutage n'est pas une coupe avec des lames bien aiguisées. Au pâturage, les animaux tirent sur les feuilles pour prendre une bouchée (Sanson, 2006), et les tissus en croissance sont très fragiles…

Contradiction entre le pré et le laboratoire

La résistance mécanique des feuilles de graminées a été étudiée sur des feuilles récoltées (Greenberg *et al.*, 1989 ; Vincent, 1991) en tenant compte parfois de

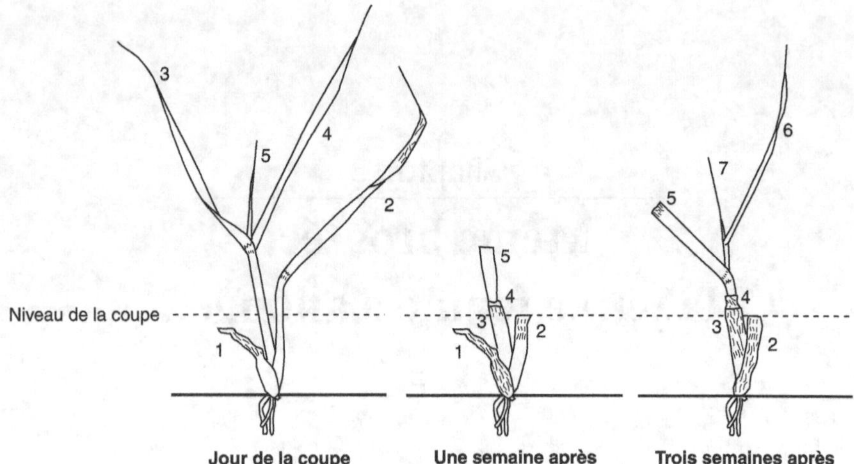

Figure 3.1. Un exemple de feuilles adultes et de feuille émergente avant et après une coupe ou un broutage. D'après un extrait de la figure 4.1 de Gillet, 1980.

À gauche — Une talle à 3 feuilles adultes et une feuille émergente (5 sur le dessin) juste avant qu'elle ne soit broutée dans la zone des gaines des feuilles adultes (l'animal emporte près des deux tiers de la hauteur des parties aériennes de la plante). La coupe ou l'arrachement supprimera tous les limbes adultes, une partie des gaines, mais seulement la pointe de la feuille émergente.

Au centre — Quelques jours après, les gaines des feuilles adultes coupées ont commencé à se nécroser. Tandis que la gaine de la feuille 4 a achevé son allongement, le limbe de la feuille 5 l'a poursuivi. Cette feuille a émergé et reconstitué immédiatement une surface photosynthétisante. La vitesse d'allongement n'a pas été durablement modifiée par le broutage.

À droite — Plus tard, la feuille 5 est devenue pleinement adulte après l'émergence de sa ligule et du haut de sa gaine juste au-dessus des gaines coupées des feuilles plus âgées. Son limbe, amputé du tronçon prélevé par le broutage, est encore vert. Des feuilles plus jeunes ont émergé.

l'hétérogénéité des tissus foliaires (Griffiths et Gordon, 2003), importante par rapport à celle des dicotylédones prairiales. Les différences mécaniques entre les zones de la feuille ont aussi été décrites : leur base présente des zones extrêmement fragiles par rapport aux autres tissus constituant l'essentiel de la bouchée (Wright et Illius, 1995 ; Shipley *et al.*, 1999). Leur croissance procède en effet avant tout d'une déformation considérable des cellules sous l'effet de la pression hydraulique. Chaque cellule épidermique d'une feuille de graminée s'allonge d'environ 10 fois sa taille initiale (Volenec et Nelson 1981 ; Durand *et al.*, 1995). Les tissus en croissance d'une feuille de ray-grass sont à peu près 25 fois moins durs (Thomas *et al.*, 1999) et 1 000 fois moins résistants à la rupture (Greenberg *et al.*, 1989 ; Vincent, 1991) que les tissus matures, adultes.

Une feuille en croissance devrait se casser dans la zone des méristèmes intercalaires, heureusement quand même au-dessus de l'apex de la talle (étude de Wright et Illius, 1995, au laboratoire). La talle survivrait ainsi effectivement au broutage, mais elle devrait attendre la mise en place de nouvelles feuilles pour reconstituer une surface verte (Durand *et al.*, 1999), sans doute entre un et deux phyllochrones (voir chapitre 2). Cette situation serait sans doute pire que celle d'un pissenlit, qui garde toujours un peu de surface verte adulte en dessous de la hauteur de pâturage. Les herbivores devraient mettre rapidement toute population de graminées en infériorité concurrentielle dans un peuplement prairial, et les faire ainsi disparaître. C'est contraire à l'évidence.

▸▸ Le comportement mécanique du rouleau de feuilles

Contrairement aux conclusions qu'on peut tirer des études au laboratoire, des coupes longitudinales de talles broutées montrent que les feuilles en croissance se sont bien cassées dans la zone des tissus adultes, nettement au-dessus des zones en croissance, pourtant fragiles. Les tissus en croissance sont retenus à la base de la talle par les gaines qui les enserrent et la zone de la jeune feuille tenue par la gaine qui l'enveloppe se situe dans une zone mature au-dessus de la zone de croissance (figure 3.2).

Malgré la zone de serrage, les deux feuilles intérieures en allongement (1re et 2e phases du programme de croissance — voir p. 21) coulissent dans le rouleau des gaines adultes. L'humidité lubrifiant les rouleaux de feuilles emboîtés implique une résistance au glissement proportionnelle à la vitesse de déplacement des objets les uns par rapport aux autres (Guyon *et al.*, 2005). La vitesse très lente de la croissance permet un déplacement libre alors que la traction brusque par l'herbivore entraîne une résistance supérieure à la résistance des tissus adultes à la rupture (figure 3.2). Le promeneur qui tire doucement la feuille supérieure d'un brin d'herbe la casse dans sa zone de croissance, tendre et sucrée, alors que l'herbivore la casse au-dessus…

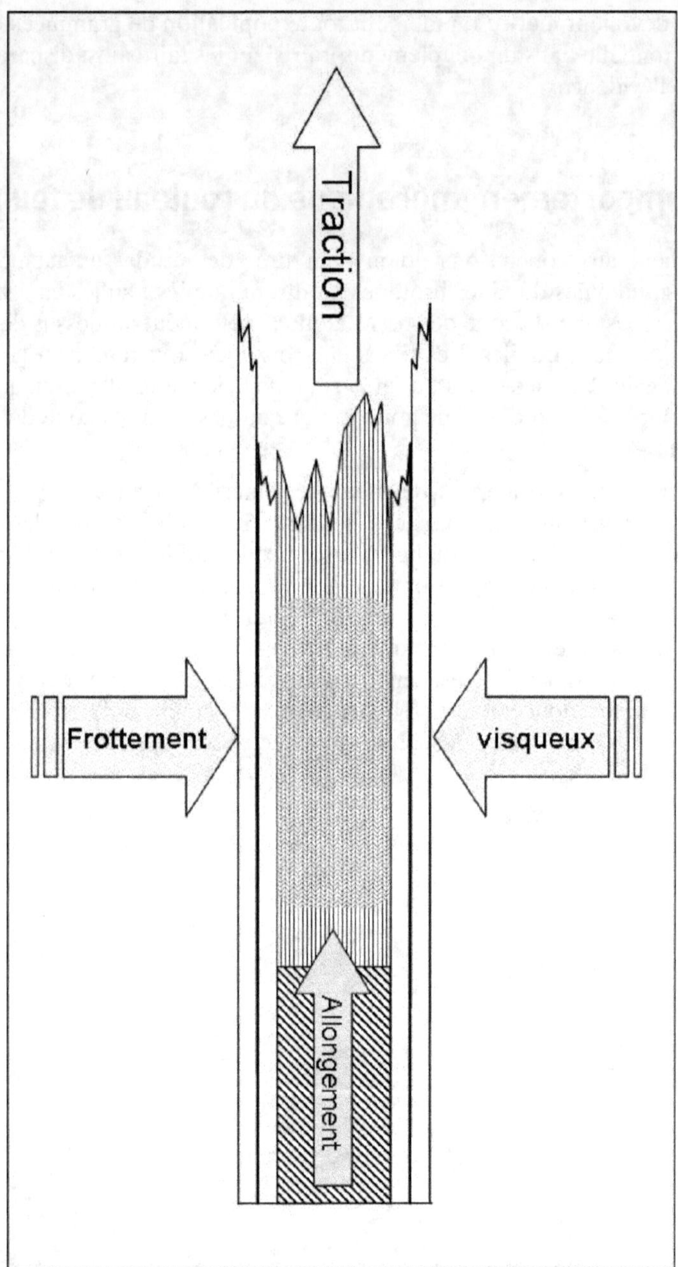

Figure 3.2. Coupe de la base de la talle montrant l'organisation mécanique du rouleau de croissance.

Les gaines des deux feuilles adultes (remplissage blanc) enserrent la feuille en croissance dans laquelle sont figurées la zone d'allongement (hachures obliques) et la zone mature (hachures verticales). Les gaines adultes exercent une compression visqueuse sur la feuille en croissance. La zone de « frottement visqueux » entre la région mature de la feuille en croissance et les gaines adultes qui l'entourent est figurée par des hachures sinueuses.

Chapitre 4

Les racines

▸▸ Émission des racines primaires

Les racines sont liées à la talle et à sa construction

Une caractéristique des graminées est l'abondance de racines primaires* partant de la base des talles adultes. À part les racines partant de nœuds sur les espaceurs, il n'y a pas de racine qui ne provienne pas d'une talle. L'émission de racines est directement liée à la construction de la talle. Plusieurs auteurs ont estimé un nombre de racines primaires par feuille émise ou par phytomère :

– sur des tiges de blé au champ, deux par feuille émise (Klepper et al., 1984) ;

– sur Lolium perenne et Festuca arundinacea, en serre, entre une et deux sur le nœud de chacun des phytomères ayant complètement terminé leur croissance (figure 4.1. ; Yang et al., 1998) ;

– sur maïs, de 2 à 3 sur les quatre premiers phytomères au-dessus du coléoptile, puis jusqu'à 8-12 pour les 7e ou 8e et derniers à avoir émis effectivement des racines (Picard et al., 1985, Girardin et al., 1987) ;

– sur sorgho, entre 2 et 4 sur chacun des 6 premiers phytomères, puis sensiblement moins au-dessus, même en conditions irriguées (Tsuji et al., 2005).

Même pour de jeunes plantes comme des pieds de céréales, Klepper *et al.* (1984) ont critiqué le concept de « racines séminales ». À part la radicule axiale, toutes les racines préformées dans l'embryon ou au niveau de la graine sont portées par des nœuds, que ce soit le nœud du scutellum*, celui de l'épiblaste* ou celui du coléoptile. Toutes les racines d'une graminée sont des « racines nodales ».

Klepper *et al.* (1984) ont formalisé des quarts de nœud orientés par rapport à la feuille axillante (figure 4.2.A), et à potentiels différents d'émission d'une racine chacun. X est directement axillé* par la feuille, Y est en face, vers la fente de la gaine, A est à gauche et B à droite. Cette formalisation a été reprise par de nombreux auteurs ayant travaillé sur graminées en C3, par exemple Aguirre et Johnson (1991, sur 4 espèces de steppe ; figure 4.2.B) ou Dotray et Young (1993, sur *Aegilops cylindrica*).

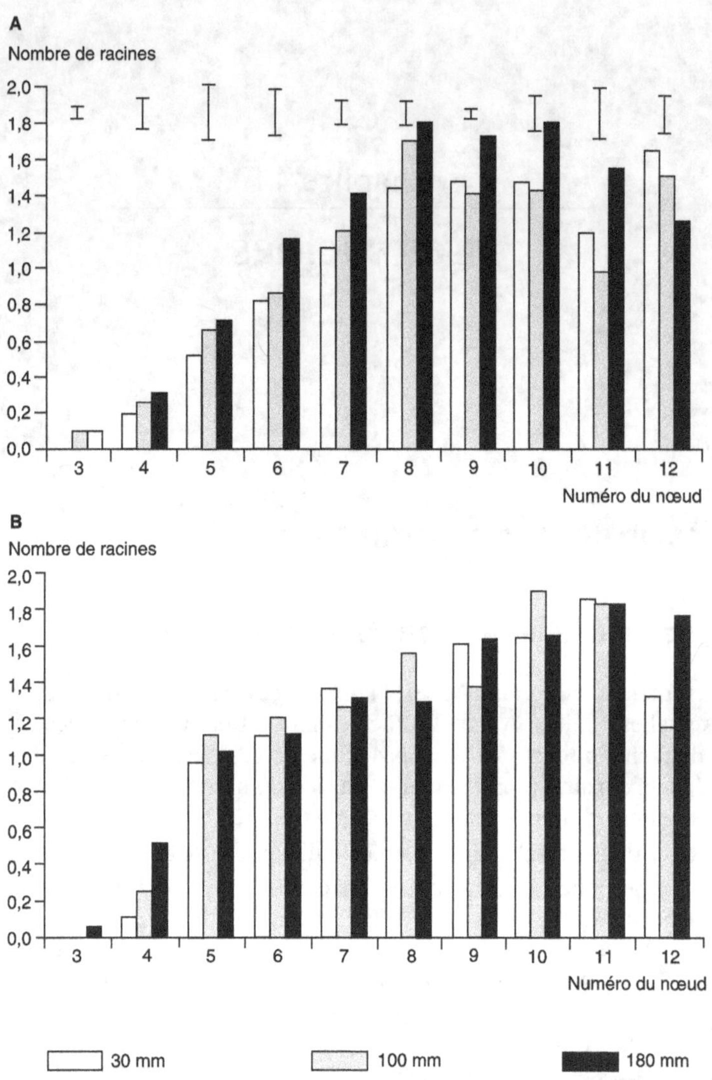

Figure 4.1. Nombre de racines primaires par nœud sur des talles de *Festuca arundinacea* (A) et de *Lolium perenne* (B). D'après la figure 3 de Yang *et al.*, 1998.

Les numéros et l'âge relatif des nœuds correspondent à ceux des phytomères sur la figure 2.3. Ainsi, le nœud n° 0 est celui du phytomère de la feuille émergente (2e phase du programme de croissance, voir p. 21), le n° 3 est celui du premier phytomère complètement sorti de le zone de croissance.

On peut noter la similitude de la dynamique d'émission des racines, sauf au début, et l'effet minime des conditions de défoliation, sauf pour les phytomères extrêmes.

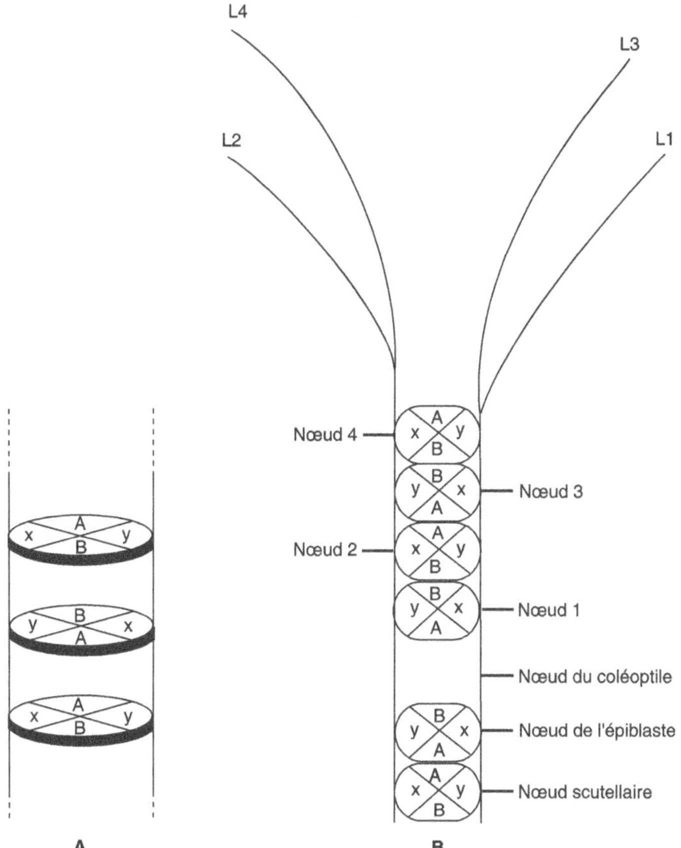

Figure 4.2. Organisation et orientation des territoires source des racines sur les nœuds successifs d'une graminée en C3.

A : formalisation théorique sur blé. D'après la figure 1 de Klepper *et al.*, 1984.

B : schéma figurant plus explicitement l'association de la feuille avec la zone X. D'après la figure 2 de Aguirre et Johnson, 1991.

Où les racines sont-elles implantées ?

Sur le maïs, exemple céréalier classique des graminées en C4, certains auteurs estiment que les racines proviennent de l'entrenœud (Picard *et al.*, 1985 ; Girardin *et al.*, 1986 et 1987). L'implantation des racines de la base de la tige, là où les entrenœuds ne sont pas du tout allongés, semble leur donner raison (figure 4.3 ; Girardin *et al.*, 1986), mais le ou les entrenœuds supérieurs, encore porteurs de racines quoique légèrement allongés, présentent tous leurs départs de racines en bas, juste au-dessus du nœud immédiatement inférieur (figure 4.3). Un départ de racine depuis un entrenœud adulte pose un problème de vascularisation pour une graminée. Ces auteurs ont sans doute projeté sur la structure adulte l'origine méristématique des *primordia* de racines, qui est bien la base de l'ébauche d'entrenœud (voir la discussion sur le phytomère p. 4.). Sur *Panicum maximum*, les racines sont réputées apparaître dans la zone médiane du nœud, sous le bourgeon de ramification (Felippe, 1980). Sur *Sorghum bicolor*, des racines « nodales » ont été comptées entrenœud par entrenœud par Tsuji *et al.* (2005). Quoi qu'il en soit, la sectorisation systématique en quatre quarts de nœuds n'est pas applicable au maïs, où le nombre potentiel de racines semble dépendre de la circonférence du nœud (figure 4.3).

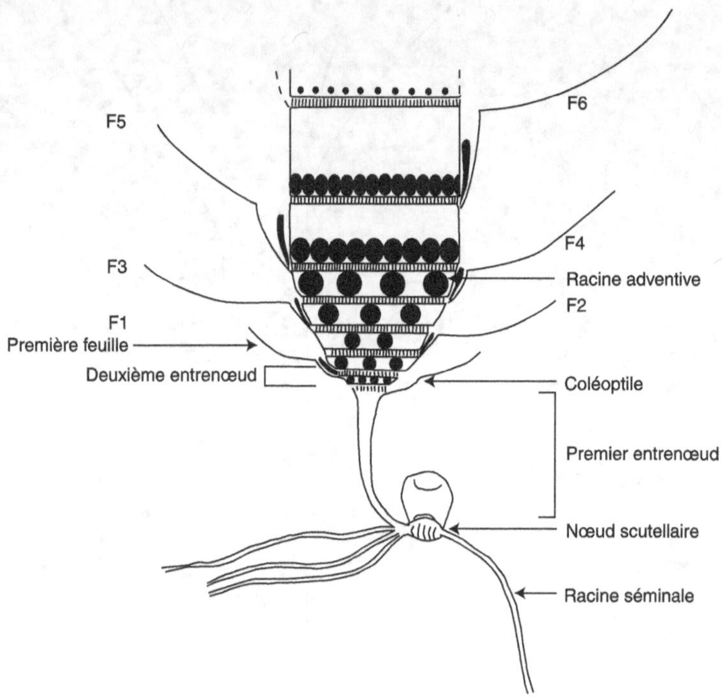

Figure 4.3. Schéma d'insertion des racines à la base d'un plant de maïs. D'après la figure 2 de Girardin *et al.*, 1986.

Les gros points noirs figurent l'implantation des racines sur les phytomères successifs. Ils sont dessinés comme venant des entrenœuds. Sur les premiers à partir du coléoptile, les bases de racines semblent occuper toute la hauteur de l'entrenœud, alors que sur ceux d'au-dessus, ils sont rangés à la base, suggérant qu'on pourrait plutôt les associer au nœud, en bonne logique vasculaire…

Pour les festucoïdes, aucun auteur ne conteste que les racines partent du nœud. Ce sont les secteurs A et B (figure 4.2), perpendiculaires au plan d'émission des feuilles, qui émettent le plus souvent leur racine (Klepper *et al.*, 1984 ; Dotray et Young, 1993).

Le rythme d'émission

Les racines apparaissent sur les nœuds successifs au rythme phyllochronique de la talle qui les porte, avec un décalage A-B, plus précoces, et X-Y plus tardives et plus conditionnelles. Klepper *et al.* (1984) notent que la racine en position X dépend du développement du bourgeon de talle axillé à cet endroit. Sur les jeunes plantes observées par ces mêmes auteurs et par Dotray et Young (1993), le couple de racines A-B apparaît 2 phyllochrones après que la feuille correspondante est devenue adulte, et le couple X-Y un peu plus d'un phyllochrone plus tard. Les phytomères du bas portent ainsi chacun 4 racines, ce qui n'est pas contradictoire avec l'observation de Klepper *et al.* dans le même article (1984) : nombre racines = $2x$ (nombre de feuilles) sur une pousse de blé : les phytomères supérieurs, trop jeunes, ne sont en effet encore associés à aucune racine. En revanche, un nombre de racines jamais supérieur à 2 sur des nœuds identifiés suppose au moins le non-démarrage de racines des positions X-Y dans les conditions des observations (voir figure 4.1 ; Yang *et al.*, 1998).

Sur maïs, le numéro du nœud porteur de racines le plus jeune progresse linéairement avec le temps thermique, pourvu que la température prise comme zéro de végétation soit suffisante. Avec un zéro à 6 °C, ce numéro progresse de 1 tous les 130 degrés-jours (Zur *et al.*, 1992). Les racines de chacun des phytomères inférieurs apparaissent en quelques jours et à peu près successivement entre phytomères (Picard *et al.*, 1985). Les racines des phytomères les plus élevés, plus nombreuses, apparaissent par contre en 20 jours ou plus, et les apparitions se chevauchent entre phytomères (Picard *et al.*, 1985).

▶▶ Ramification et allongement

Klepper *et al.* (1984), Aguirre et Johnson (1991) et Dotray et Young (1993) ont observé sur diverses espèces (en C3) que la ramification des racines était rythmée par le phyllochrone de la talle qui les porte, avec des différences de délais selon les espèces. Sur blé, chaque racine attend deux phyllochrones pour faire un premier ordre de ramification, puis encore autant pour un second ordre (Klepper *et al.*, 1984). Sur les espèces « sauvages » étudiées par les autres auteurs cités, ce délai semble réduit à un phyllochrone.

Sur maïs, le nombre de ramifications a été observé sur les racines primaires : au-delà d'une courte section non ramifiée, le nombre de ramifications est d'autant plus élevé que celles-ci se situent près de la base de la racine : en moyenne de douze à la base de la zone ramifiée à huit 20 cm plus loin et deux ou moins au-delà de 1 m (Pagès et Pellerin, 1994). En bonnes conditions, chaque racine primaire des 5 ou 6 phytomères de la base de la tige atteint couramment une longueur de 1,40 m, par un allongement continu qui a duré à peu près 800 degrés-jours pour chaque racine (Pellerin et Pagès, 1994). Sur les même plantes, l'allongement des racines des phytomères supérieurs a été limité à 20-40 cm et réalisé en 400 degrés-jours. La longueur des ramifications des racines de maïs est très faible, généralement inférieure à 5 cm et presque jamais supérieure à 10 cm (Pagès et Pellerin, 1994).

On manque d'informations sur l'allongement des racines primaires et de leurs ramifications chez les graminées en C3. On dispose en revanche de mesures de la longueur cumulée de l'ensemble des racines de jeunes plantes. Dotray et Young (1993) ont comparé au champ *Triticum aestivum* (le blé tendre) et *Aegilops cylindrica* (une adventice du blé) au stade de Haun 7,5 (7 feuilles adultes et la 8e à mi-croissance) : les deux espèces ont développé entre 14 et 15 mètres de racines par plante. Dans une étude d'Aguirre et Johnson (1991) en pots et en serre, des jeunes plantes de *Bromus tectorum* portent chacune 50 mètres de racines après 1 100 degrés-jours de croissance, contre 5 ou 10 pour les autres espèces comparées par ces auteurs.

La topologie des racines du maïs semble clairement « en arête de poisson », avec un axe primaire long et des ramifications très courtes (voir ci-dessus). Chez les plantes en C3, elle est plus complexe et plus variable selon les conditions (Arredondo et Johnson, 1999).

▸▸ Enracinement

Profils d'enracinement potentiel

Crush *et al.* (2005) ont fait pousser une dizaine d'espèces de graminées en C3 pendant 85 jours en tubes profonds de 1 m, sur sable, à partir d'une talle unique repiquée dans chaque tube. En dépit de ce temps de croissance limité, toutes les espèces ont atteint le fond du tube, à l'exception de la crételle (*Cynosurus cristatus*), limitée à 40 cm et d'*Agrostis capillaris*, limité à 80 cm. La plupart des espèces ont placé 40 à 50 % (en poids) de leurs racines dans les 10 cm supérieurs du tube. *Cynosurus cristatus* a placé 80 % de son enracinement dans cet horizon supérieur. En divers essais annuels au champ, Harris (1967) avait, lui aussi, observé des racines jusqu'à 100 cm sous *Agropyron spicatum* et *Bromus tectorum*.

Du sorgho grain (*Sorghum bicolor*) cultivé en caisses de 1,80 m de profondeur a produit entre 0,3 et 0,5 cm de racines par cm^3 de substrat à toutes les profondeurs en traitements irrigués, contre de 0,5 en haut à 0,8 cm/cm^3 en profondeur en conditions séchantes pour un cultivar réputé résistant (Tsuji *et al.*, 2005).

Limitations directes et réactions

L'expansion de l'enracinement dépend des ressources en sucres. En prairies fauchées, la production de racines cesse juste après la coupe pour reprendre en cours de repousse (Gillet, 1980). En prairies temporaires jeunes, elle est réputée cesser en cours de montaison des talles reproductrices pour reprendre lors de la repousse végétative suivante.

La sécheresse limite l'allongement des racines, ainsi que le volume d'enracinement, aussi bien chez les C3 (Khaldoun *et al.*, 1990) que chez les C4 (Pardales et Kono, 1990). Des plantes dont la base a été mise artificiellement à l'air libre par élimination des centimètres superficiels du substrat de culture n'émettent plus de racines primaires (observations sur *Lolium perenne*, *Dactylis glomerata* et d'autres, par Troughton, 1981). De telles conditions ne sont sans doute pas réalistes car, sans déchaussement, un peu de rosée suffirait probablement à autoriser le démarrage de nouvelles racines. Le suivi de la survie de plantes placées dans ces conditions montre cependant la sensibilité de la plupart des espèces au renouvellement régulier de leurs racines primaires (voir au chapitre 7, p. 92).

Une sécheresse croissante tue le cortex puis les extrémités des racines en place (Jupp et Newman, 1987). Elle peut favoriser une ramification secondaire. Sur *Lolium perenne*, de nombreuses fines racines latérales apparaissent à partir de la stèle de racines préexistantes tout au long de zones dont le cortex vient d'être tué par une sécheresse croissante (Jupp et Newman, 1987).

Chapitre 5

Ramification et renouvellement des brins d'herbe

▸▸ Le tallage des jeunes plantes

La structure des jeunes plantes et l'expansion du nombre de leurs talles

Dès qu'elle a quelques feuilles, une plantule de graminée est structurée par la présence de talles filles à l'aisselle de ses feuilles (figure 5.1). Quelques phyllochrones plus tard, l'axe principal a émis de nouvelles feuilles et de nouvelles talles, et les premières talles filles se sont à leur tour ramifiées, ce qui donne un bouquet plutôt confus. On peut l'analyser en le disséquant (figure 5.2). L'empilement de nœuds rapprochés porteurs des talles successives est appelé « plateau de tallage ».

La structure de la plante représentée à la figure 5.2 peut être formalisée comme sur la figure 5.3, par une vue du dessus. Bien que les feuilles soient alternes, les talles successives ne sont généralement pas strictement opposées dans un plan, mais disposées sur un angle ouvert, comme sur la figure 5.3, pour des raisons mécaniques. En cours de croissance de l'apex, en effet, la nervure centrale des feuilles en croissance — serrées dans les gaines adultes — repousse d'un côté l'amas cellulaire du bourgeon en cours de différenciation (Williams *et al.*, 1975).

Plus globalement et pour décrire simplement des plantes un peu plus âgées, on peut compter, phyllochrone après phyllochrone, le nombre de talles par « ordre ». Les talles primaires sont les filles de la talle issue de la semence (le brin maître), les secondaires les filles des primaires, et ainsi de suite. Tant que le phyllochrone des filles est le même que celui de leur mère, l'ensemble est parfaitement synchronisé (Klepper *et al.*, 1982 ; figure 5.1.B). Le comportement « standard » d'une jeune plante (figure 5.4.A) tel que décrit par Yu et Gounot (1981) correspond à une synchronisation identique sur les axes d'ordre successifs. Dans ce comportement standard et comme sur la plante décrite aux figures 5.2 et 5.3, un axe émet une nouvelle talle à l'aisselle de la 3ᵉ feuille en dessous de celle qu'il est en train d'émettre. Les 3 feuilles d'écart entre une talle et sa mère ont été observées depuis longtemps (voir par exemple Ryle [1964] sur diverses graminées prairiales, et Kirby *et al.* [1985] sur blé et orge, ainsi que les références qu'ils citent). La synchronisation des talles des plantes en comportement standard rentre parfaitement dans le modèle morphogénétique général de Franquin (1974a), comme l'ont relevé Yu et Gounot (1981).

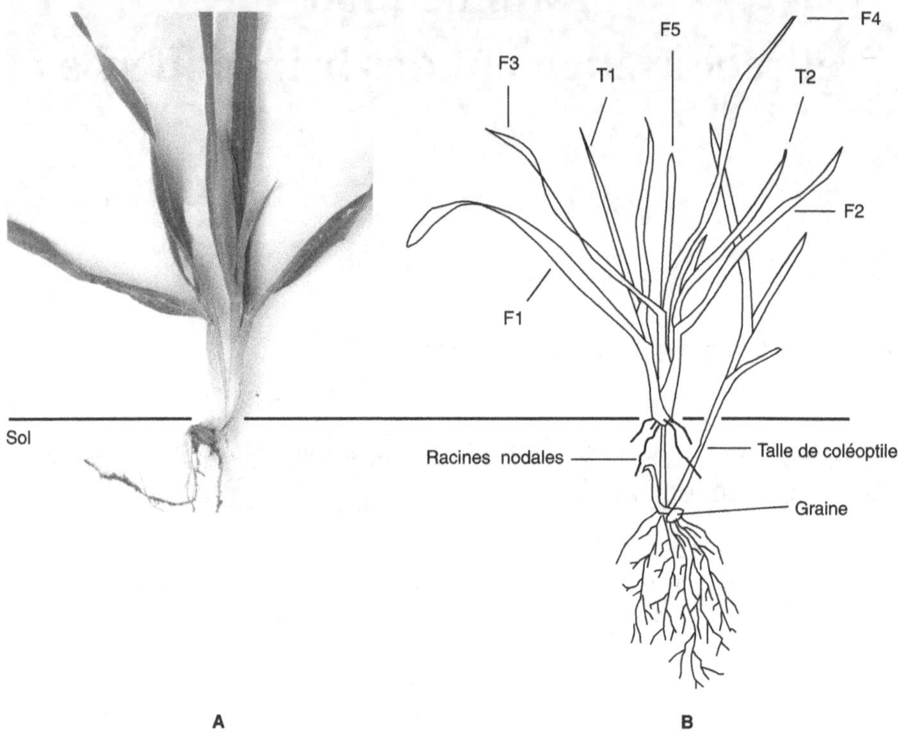

Figure 5.1. Aspect de deux plantules de céréales en train d'émettre la 5ᵉ feuille sur leur « brin maître* », l'axe issu de l'embryon.

A : photo d'une plantule d'orge — le bouquet de feuilles a été un peu ouvert pour faciliter l'examen. La feuille la plus à gauche est la 1ʳᵉ feuille vraie de la plantule. Elle axille une talle à deux feuilles : une feuille adulte dont la ligule est à peu près au niveau de la pointe de la préfeuille de cette talle et assez au-dessus de la ligule de la feuille axillante, ainsi qu'une seconde feuille, encore roulée. La feuille la plus à droite est la 2ᵉ feuille vraie de la plantule. Le long de sa gaine, à droite, on voit le reste du coléoptile, traversé par un départ de racine. Cette feuille axille une talle présentant une seule feuille, encore juvénile.

Entre les feuilles des deux talles filles, un pinceau de trois feuilles. La plus à gauche, côté 1ʳᵉ feuille, est pleinement adulte car on y voit bien la limite entre gaine et limbe ; c'est la 3ᵉ feuille sur le brin maître. Dans l'axe de la plante, sa 4ᵉ feuille, pas encore tout à fait adulte car son limbe n'est pas déroulé jusqu'à la ligule, encore cachée, et sa 5ᵉ feuille, complètement roulée. Photo M. Lafarge.

B : dessin d'une plantule de blé. D'après la figure 1 de Klepper *et al.*, 1982.

La disposition des feuilles est identique à celle de la photo, avec les feuilles impaires à gauche et les feuilles paires à droite. Les principales différences sont l'émission d'une talle sur le nœud du coléoptile et l'allongement d'un entrenœud entre celui-ci et le nœud de 1ʳᵉ feuille, à cause d'un semis profond (voir plus haut p. 28). Le débris du coléoptile devrait axiller la talle issue de ce nœud.

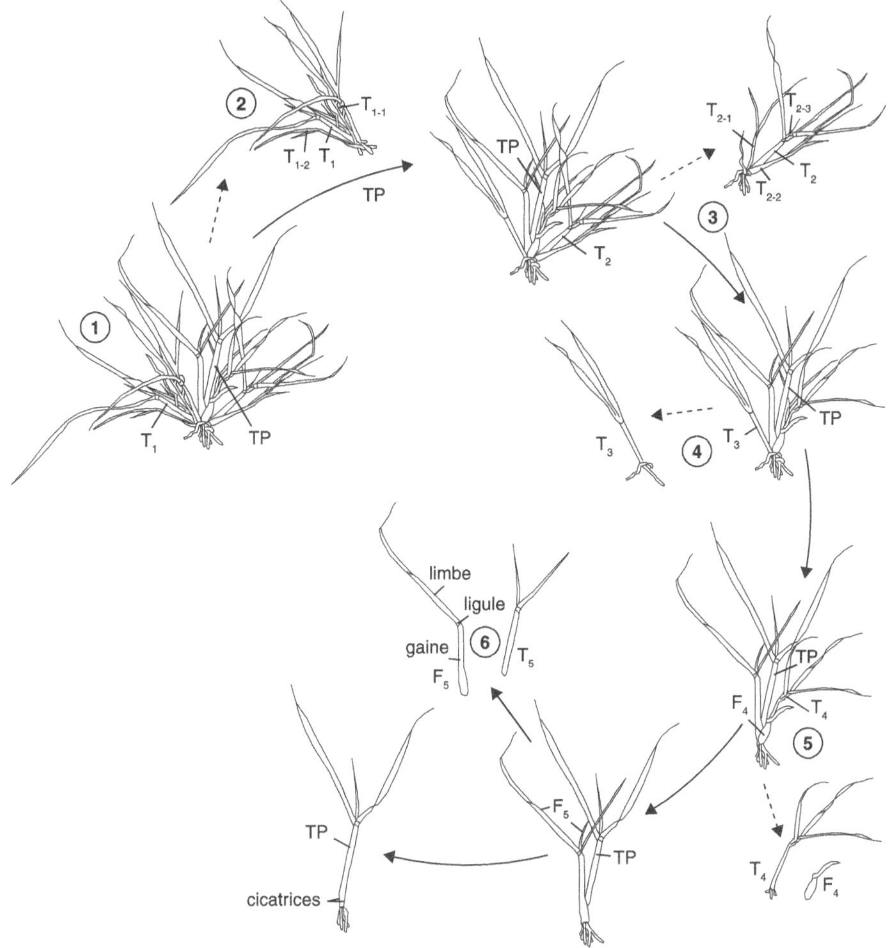

Figure 5.2. Aspect et dissection d'une jeune plante de fétuque des prés en train d'émettre la 8e feuille sur l'axe issu de l'embryon. D'après la figure 2.2 de Gillet, 1980.

1. La plante entière.

2. Séparation du reste de la plante d'un bouquet composé de la première talle primaire et de ses filles.

3. Le bouquet centré sur la seconde talle primaire, et le reste de la plante.

4. La 3e talle primaire et le reste de la plante.

5. La 4e talle et un reste de 4e feuille sur l'axe principal sont séparés du reste de la plante.

6. La 5e feuille et la jeune talle qu'elle axille sont séparés de la talle principale.

De nombreuses jeunes plantes ne suivent pas ce comportement standard, soit parce que des talles prévues à la base ne sont pas émises, soit, plus souvent, parce que le bourgeon porté par le phytomère de préfeuille de certains axes se développe en talle (voir figure 5.1.B). La synchronisation sur l'axe est respectée, c'est-à-dire que la talle de préfeuille d'un axe apparaît quand cet axe porte $0 + 3 = 3$ feuilles (figure 5.4.B). Dans ce cas, le plafond du nombre de talles à un âge donné dans le comportement standard va être dépassé. C'est un problème pour les diagnostics de tallage basés sur le concept de *site filling** (Neuteboom et Lantiga, 1989 ; Gautier *et al.*, 1999). Un problème supplémentaire pour ce type d'analyse est que, sur une même plante, les axes d'ordres successifs ne vont pas commencer à taller au même stade. En particulier, les premiers rangs peuvent manquer sur la talle principale issue de la semence, alors que les filles vont commencer leur tallage sur le phytomère de leur préfeuille. C'est souvent le cas sur céréales (Lafarge, 2000).

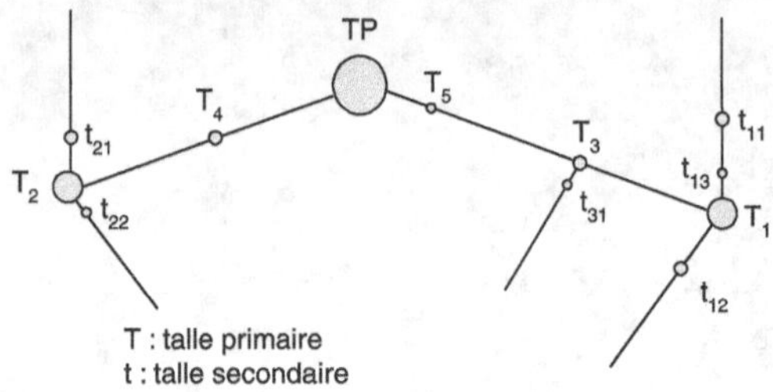

Figure 5.3. Diagramme horizontal de la répartition spatiale des talle primaires par rapport à la talle initiale, et des talles secondaires par rapport à leur mère sur la plante disséquée figure 5.2. D'après la figure 2.6 de Gillet, 1980.

La taille du rond ou du point figurant la talle représente une classe d'âge. Les talles les plus jeunes sont les plus proches de leur mère. Sur un même axe, les filles successives apparaissent successivement d'un côté et de l'autre, comme les feuilles qui les axillent, mais pas strictement dans un plan, à cause de contraintes mécaniques dans l'apex (Williams *et al.*, 1975).

La disposition des talles secondaires par rapport aux primaires réitère celle des primaires par rapport à la talle initiale, sur la base d'une perpendicularité du plan d'alternance des feuilles.

Le processus de ramification des jeunes plantes

Même s'il est évident qu'une talle a commencé à croître avant d'apparaître, peu d'auteurs s'y sont intéressés. Par extrapolation rétrospective de leur développement ultérieur vers leur origine, Klepper *et al.* (1982) ont estimé que les talles commençaient à croître environ un phyllochrone avant de naître. Dans l'autre sens, Skinner et Nelson (1994a, 1995) se sont intéressés aux phénomènes de croissance dans le bourgeon et la feuille qui l'axille aux stades où celle-ci est en développement. Sur la base de ces travaux, Nelson (2000) considère que le démarrage du bourgeon est coordonné avec la fin des divisions cellulaires dans la gaine de la feuille axillante (figure 5.5), pratiquement sans plasticité phénotypique ni différences entre génotypes. Ce stade correspond à une transition entre nos 2e et 3e phases.

L'observation empirique qu'une talle fille apparaît à l'aisselle d'une feuille *n* quand la mère émet sa feuille *n* + 3 peut alors s'interpréter simplement comme le résultat d'une réitération du programme de croissance de la mère (voir, plus haut, p. 21) sur la fille, au rythme phyllochronique de la mère (Lafarge *et al.*, 2005 ; Franquin, 1974b), à partir du bourgeon situé à l'aisselle de la feuille qui fait émerger sa ligule, c'est-à-dire sur le phytomère en 3e phase du programme de croissance. Une mise en croissance à ce stade se justifie pleinement par la vascularisation du nœud (Patrick, 1972b), à laquelle les traces vasculaires préalablement amorcées dans les ébauches foliaires du bourgeon viennent se connecter (Hitch et Sharman, 1968). Pour Nelson (2000), ce stade constitue pour le bourgeon « une étroite fenêtre de mise en

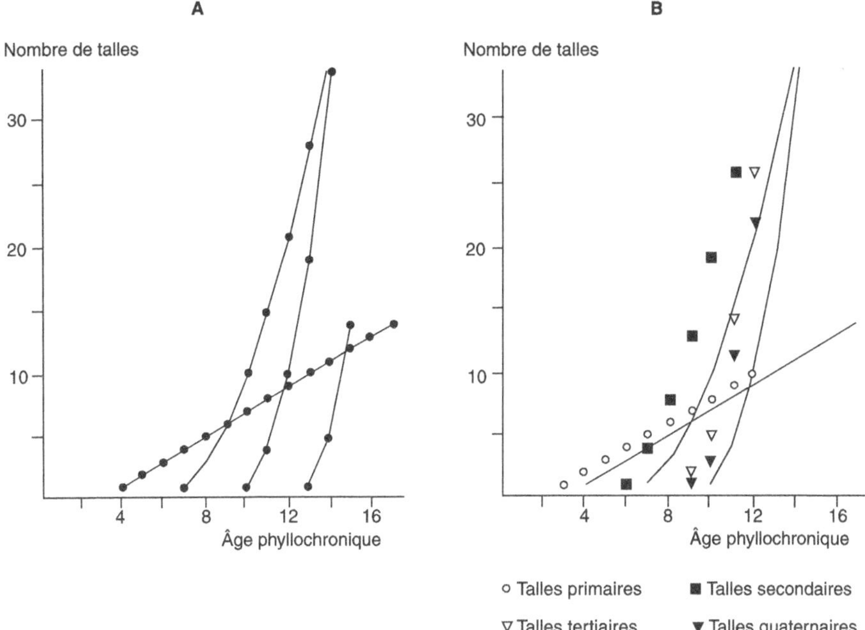

Figure 5.4. Nombre de talles par ordre de ramification sur de jeunes plantes de dactyle selon leur âge phyllochronique et en conditions de croissance non limitante. D'après les figures 2 et 3 de Yu et Gounot, 1981.

A. Comportement standard : la 1re fille apparaît à l'aisselle de la première feuille vraie d'un axe. La 1re talle primaire apparaît en montrant sa 1re feuille à l'aisselle de la 1re feuille de l'axe principal en même temps que celui-ci fait apparaître sa 4e feuille, c'est-à-dire 3 phyllochrones après qu'il a émis cette 1re feuille. La 1re talle secondaire est à son tour émise à l'aisselle de la 1re feuille de la 1re talle primaire, 3 phyllochrones après que celle-ci a été émise, c'est-à-dire à l'âge phyllochronique 7 sur la plante entière. Les premières talles des ordres suivants apparaissent de même, et donc à chaque fois 3 phyllochrones plus tard. Les lignes continues représentent le nombre cumulé de talles par ordre, pour comparaison avec d'autres comportements.

B. Divers comportements déviants, plus ou moins fréquents. L'écart au comportement standard (représenté par les lignes continues) consiste dans l'émission d'une talle à l'aisselle de la préfeuille de certains axes. Les ronds blancs montrent le nombre de talles primaires dans le cas où la talle de coléoptile a été émise. Les carrés noirs montrent le nombre de talles secondaires quand les premières apparaissent à l'aisselle de la préfeuille de chaque talle primaire, sans pour autant que la talle de coléoptile ait été émise sur l'axe principal. Les triangles montrent les effectifs de talles tertiaires et quaternaires dans les mêmes conditions.

croissance ». S'il la manque, ses chances de pousser sont très réduites. Sur céréales, McMaster (2005) considère que si la fenêtre de mise en croissance a été manquée, la talle ne peut plus démarrer.

Le nombre d'ébauches foliaires différenciées sur le bourgeon au moment où il peut entrer en croissance est très mal connu. Il en porte au minimum une, en plus de celle de la préfeuille (Hitch et Sharman, 1968 ; Nelson, 2000), peut être deux, mais sans doute pas trois (Williams *et al.*, 1975). Une prévascularisation a commencé dans ces ébauches foliaires (Hitch et Sharman, 1968 ; Fletcher et Dale, 1974).

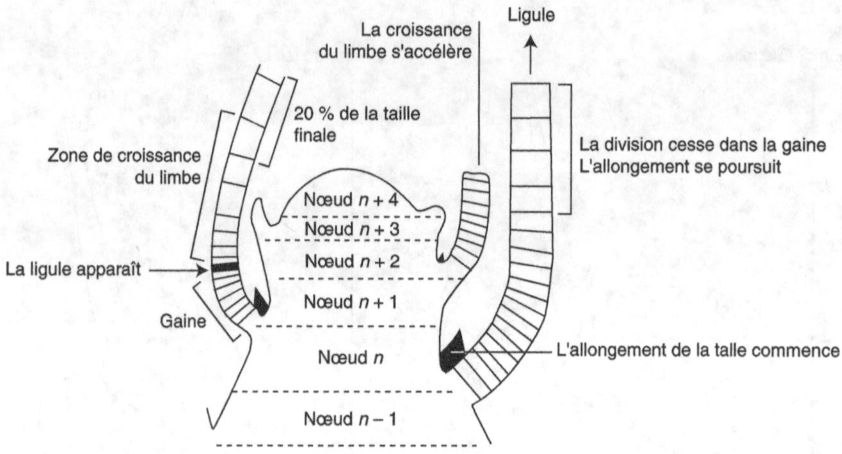

Figure 5.5. Coordination des évènements de croissance sur les phytomères successifs de la zone apicale d'une talle de graminées. D'après la figure 6.6 de Nelson, 2000.

La feuille implantée au nœud $n + 2$ semble en tout début de la 1re phase du programme de croissance exposé plus haut (voir figure 2.6). La feuille implantée au nœud $n + 1$ semble à la transition entre la 1re et la 2e phase de ce programme, et la feuille au nœud n peut être près d'expulser sa ligule, et donc près de la transition entre la 2e et la 3e phase.

Suivant le programme de croissance exposé p. 21, la croissance d'un axe doit débuter par le passage de son premier phytomère en 1e phase, celle qui ne concerne que le limbe. Le limbe de la préfeuille étant réduit à un capuchon cachant l'apex méristématique, rien de visible ne se passe sur un schéma à l'échelle de la feuille axillante. Pendant ce temps, sur la mère, émerge le limbe de la feuille suivant immédiatement la feuille axillant la future talle (figure 5.6.A).

Un phyllochrone plus tard, la préfeuille est en 2e phase, c'est-à-dire en début d'allongement de sa gaine. Le bourgeon allongé est bien visible quand on enlève la gaine. À l'intérieur de cet étui, le phytomère de première feuille de la talle est en 1re phase et il allonge un vrai limbe (figure 5.6.B).

Encore un phyllochrone plus tard, la préfeuille passe en 3e phase en finissant d'allonger sa gaine, à peu près à la hauteur de la ligule de la feuille axillante (voir p. 28). La première feuille vraie, en 2e phase, finit d'allonger son limbe. La pointe de celui-ci est poussée par le début d'allongement de sa gaine hors de la gaine de la préfeuille, donc au-dessus de la ligule de la feuille axillante : la talle fille est née (figure 5.6.C). En même temps, la feuille $n + 3$ a apparu sur la mère (figure 5.6.C).

L'ensemble du processus a duré 2 phyllochrones entiers, durant lesquels la future talle est totalement à l'abri des gaines de la mère et nourrie par elle. On peut parler de « gestation » pour cette phase de la vie de la talle, par analogie avec la gestation des mammifères.

Tant que le processus n'est pas stoppé par un contrôle environnemental (voir p. 55), il se répète sur les phytomères successifs de la mère, au même rythme phyllochronique, comme schématisé sur la figure 5.6. Le bourgeon sur le nœud 2 est en début de croissance en 5.6.B et en 2e phase en 5.6.C. Le bourgeon sur

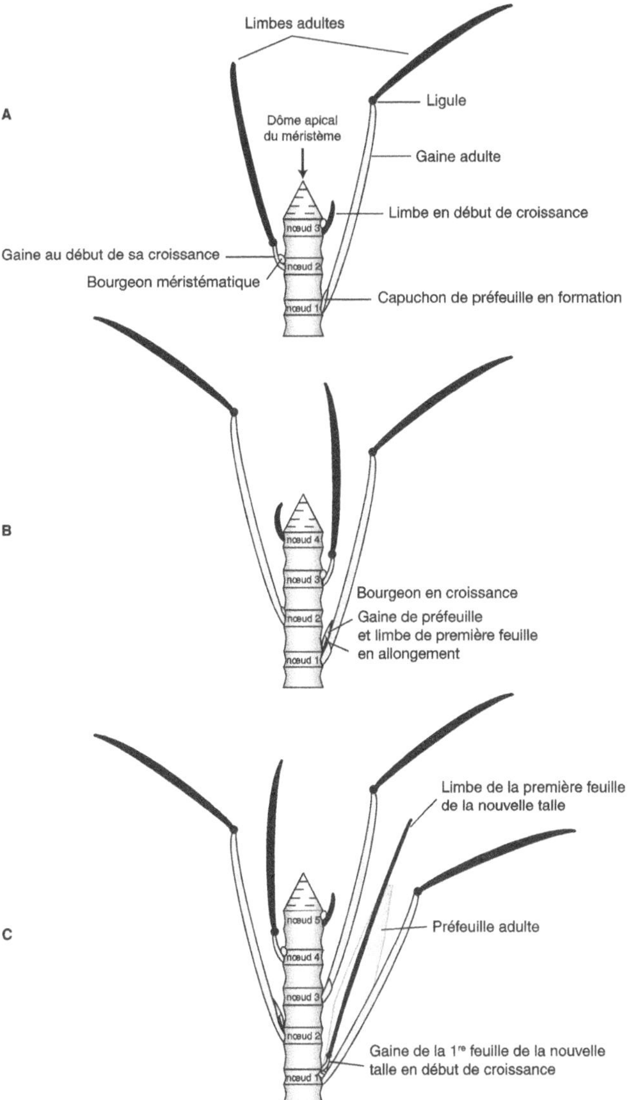

Figure 5.6. Les étapes de la croissance initiale d'une talle fille, entre le début de croissance sur le bourgeon et l'émergence de la talle, et leur coordination avec le programme morphogénétique sur la mère (voir p. 21, et figure 2.6). D'après la figure 2 de Lafarge *et al.*, 2005.

A. À l'aisselle de la feuille dont la ligule émerge (début de 3e phase), la préfeuille de la talle fille commence à croître par la formation d'un équivalent de limbe, le capuchon qui recouvrira l'apex méristématique du bourgeon.

B. Un phyllochrone plus tard, la gaine constituant la préfeuille de la talle fille s'allonge. À l'intérieur, le limbe de sa première feuille vraie entre en croissance.

C. Encore un phyllochrone plus tard, le sommet de la préfeuille apparaît à l'aisselle de la feuille qui l'axille et la pointe de la première feuille vraie émerge de la préfeuille. La talle fille est née. En même temps, le limbe de la feuille n+3 sur la mère émerge.

le nœud 3 est en début de croissance en 5.6.C. Cette figure pourrait aussi représenter un bourgeon en début de croissance à la base de la gaine de la préfeuille de la talle émergeante, car cette préfeuille est alors au bon stade (3ᵉ phase)…

▸▸ Le contrôle du tallage

Arrêt du tallage sur des jeunes plantes issues de semis

Le processus de tallage décrit ci-dessus (p. 50) présente un caractère automatique : arrivé au bon stade, le jeune bourgeon démarre si rien ne l'en empêche. Il n'y a aucune dominance apicale (voir, plus loin, p. 67). Après une période où toutes les talles possibles dans le cadre du patron de tallage sont émises au moment voulu, on observe un arrêt brusque au niveau de l'ensemble de la plante. Il faut à peine un phyllochrone pour que l'émission de nouvelles talles sur chacun des axes cesse simultanément (figure 5.7. ; Yu et Gounot, 1981), malgré la situation très différente de chacun d'entre eux dans le bouquet et à l'égard de l'environnement. Sur une jeune plante, l'intégration est totale entre individus-talles, même potentiellement autonomes grâce à un enracinement propre. Ce comportement est cohérent avec un contrôle du tallage par des hormones agissant à distance de leur source après mélange et circulant par des vaisseaux interconnectés (Johnston et Jeffcoat, 1977).

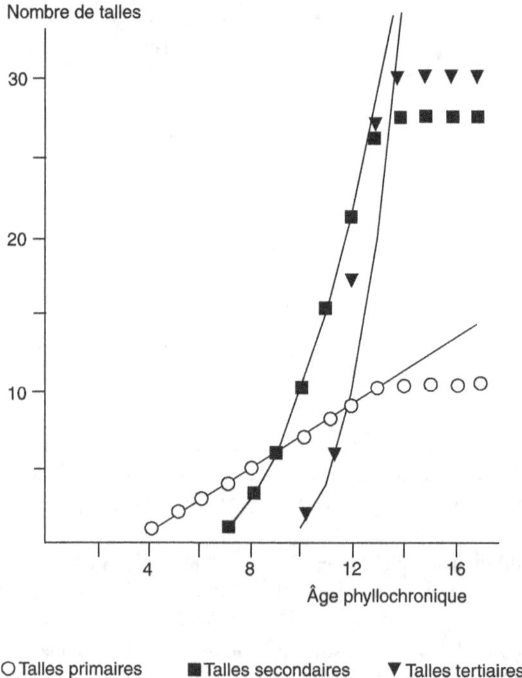

Figure 5.7. Cessation brusque de la progression du nombre de talles primaires, secondaires et tertiaires entre le 13ᵉ et le 14ᵉ phyllochrone sur une jeune plante de dactyle. D'après la figure 4.B de Yu et Gounot, 1981.

Avant de tenter de diagnostiquer l'arrêt du tallage dans un peuplement de jeunes plantes, il aura fallu établir des patrons théoriques de tallage rendant compte des talles qui manquent à la base (Masle-Meynard et Sebillotte, 1981) et établir leur fréquence dans les peuplements observés. Connaissant son patron de tallage, on peut classer une plante en « tallage arrêté » ou « poursuivant son tallage » à partir du nombre de feuilles émises par son brin maître et son nombre de talles (Lafarge, 2000). La fréquence des différents patrons de tallage dans un peuplement dépend des conditions qu'ont rencontrées les plantules au début de leur vie (Masle-Meynard et Sebillotte, 1981 ; Lafarge, 2000).

Facteurs de l'arrêt du tallage

Le manque d'azote est le facteur d'arrêt du tallage le plus anciennement connu. Dans l'expérience classique d'Aspinall (1961), de l'orge a poussé sur une solution nutritive à différentes concentrations. La vitesse de tallage était la même à toutes les concentrations mais la date d'arrêt a été modifiée. Les plantes ont cessé de taller après 5 semaines avec 6 talles quand la solution était diluée à 10 %, et au bout de 7 semaines avec 14 talles quand elle était diluée à 50 %. À concentration normale, l'arrêt du tallage s'est produit avec environ 24 talles par plante au bout d'un peu plus de 8 semaines. Le tallage s'arrête aussi quand le peuplement est fermé. La bonne relation entre l'arrêt du tallage dans un peuplement et un indice foliaire supérieur à 3 (Simon et Lemaire, 1987) a pu faire penser qu'il s'agissait de l'effet d'un manque de sucres et donc implicitement, comme pour l'azote, de l'effet d'une mise en concurrence dans le peuplement. Le concept de crise du tallage (Gillet *et al.*, 1969) rend compte de l'arrêt du tallage dans une jeune prairie temporaire lors de la montaison, puis de la reprise de celui-ci lors de la repousse suivante. La concurrence nutritionnelle serait exacerbée par les besoins des talles montantes.

Une autre hypothèse était un effet « signal » de la qualité de la lumière perçue sous les feuilles (Smith, 1982), surtout le rapport rouge clair (RC) / rouge sombre (RS) (voir, plus haut, p. 28) dont la baisse augmente la production d'auxine et de gibbérellines *via* l'altération du phytochrome (Tomlinson et O'Connor, 2004). Les observations de Kasperbauer et Carlen (1986) mettent en évidence une relation entre le nombre de talles par plante de blé et la valeur du rapport RC/RS mesurée entre les rangs de la culture. Le rapport RC/RS baisse quand le couvert se ferme (Skalova *et al.*, 1999), mais la distance entre plantes voisines joue beaucoup. Les résultats de Davis et Simmons (1994) sur plantules d'orge montrent qu'une distance de 2 cm entre plantes sur une ligne unique, sans lignes de bordure, restreint beaucoup plus le tallage que de longs rangs de bordure à 20 cm de la ligne observée quand l'écartement sur cette ligne est de 16 cm. L'activité photosynthétique des plantes enrichit en rouge sombre la lumière qu'elles renvoient (Ballaré *et al.*, 1987). L'effet d'un signal lumineux de voisinage en peuplement ouvert suppose alors une perception privilégiée de la qualité de la lumière dans un plan horizontal. La lumière bleue n'a pas d'effet direct sur le tallage (Gautier *et al.*, 1999).

Casal *et al.* (1990) ont montré expérimentalement, sur *Lolium multiflorum* en serre, que c'est bien le signal qui est efficace, et non la concurrence (figure 5.8). Des densités de peuplement différentes ont été obtenues avec des plantes en pots individuels (ce qui élimine tout effet racinaire de la densité) plus ou moins rapprochés. Au bout d'une quarantaine de jours, les plantes à faible densité ont porté significativement plus de talles que les plantes à densité moyenne ou forte (figure 5.8.A) alors qu'elles pèsent le même poids (figure 5.8.B). Dix jours avant ces mesures, le rapport RC/RS était déjà significativement plus bas en forte qu'en faible densité.

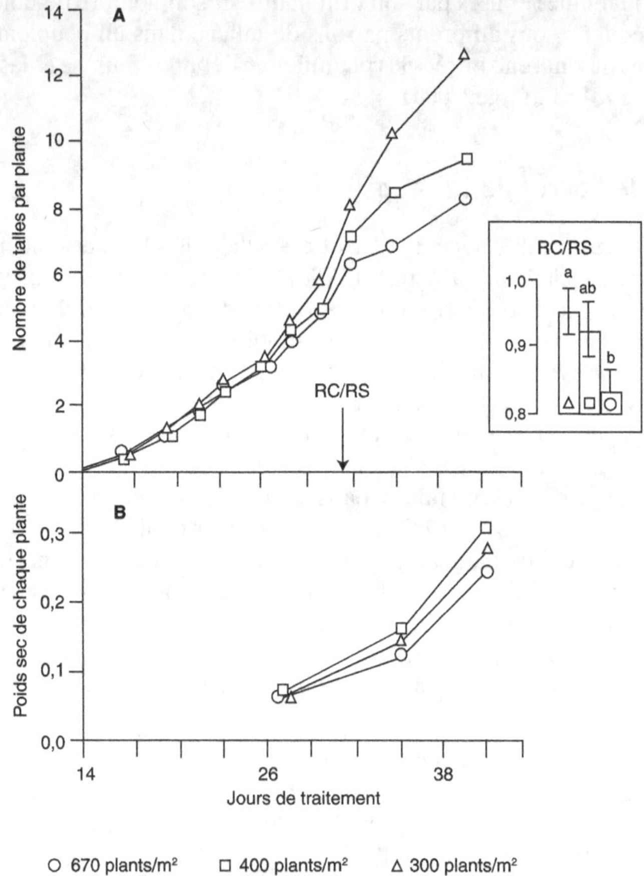

Figure 5.8. Effet de la densité de plantes de *Lolium multiflorum* en pots individuels sur l'évolution du nombre de talles par plante (A) et du poids sec d'une plante (B). D'après la figure 5 de Casal *et al.*, 1990.

Le rapport rouge clair / rouge sombre (RC/RS) à la base des plantes est donné à une seule date, 10 jours avant la dernière mesure (flèche). Les pots étaient en conditions expérimentales dès la naissance des plantules.

In situ, l'illumination de la base des plantes par des diodes rouge clair favorise le tallage de graminées en C4 (Deregibus *et al.*, 1985). Les maïs modernes, souvent réputés génétiquement incapables de taller, sont en réalité empêchés de le faire dès le début de leur croissance par des signaux de qualité de la lumière renvoyée par leurs voisines, même en peuplements clairs. Une plante parfaitement isolée talle copieusement (Moulia *et al.*, 1999).

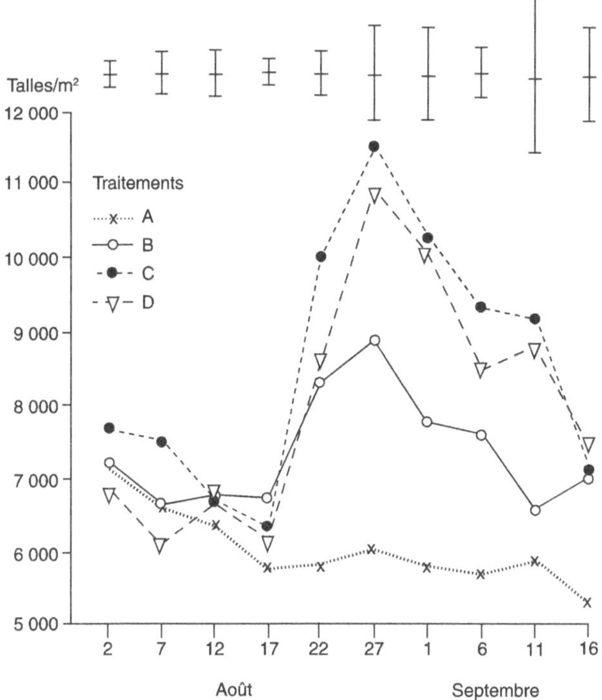

Figure 5.9. Dynamique du nombre de talles vivantes après une coupe dans des minigazons de *Lolium perenne*. D'après la figure 3 de Davies, 1971, reproduite avec l'autorisation de Cambridge University Press.

Les minigazons provenaient de bacs de 1 pied carré (9,3 dm²) où avaient été initialement semées les plantules. Ils ont été transplantés au champ et disposés à 5 cm les uns des autres fin mai, puis coupés une première fois fin juin. À partir du 4 juillet, les minigazons se distinguent par la fertilisation azotée :
– traitement A : témoin sans engrais ;
– traitement B : application hebdomadaire de l'équivalent de 27,6 kg/ha sous forme d'engrais complet, à partir du 4 juillet ;
– traitement C : comme B, mais à la dose de 110,5 kg/ha ;
– traitement D : pas d'engrais en juillet, puis application hebdomadaire doublée d'une semaine sur l'autre, en commençant par 13,8 kg/ha le 2 août pour terminer à 220,8 kg/ha à la 5e application.

Les talles vivantes ont été comptées tous les 5 jours à partir de la coupe faite le 2 août.

Par rapport aux 6 500 talles/m² du 17 août, les 8 500 observées en B et D le 22 août représentent un gain net de 30 %, et les 10 000 observées en C un gain de 50 %. Une talle nouvelle mise en gestation dans les quelques jours suivant la coupe du 2 août sur la moitié des talles présentes à cette date suffit pour assurer le gain de peuplement, en admettant une mortalité aléatoire des talles présentes.

Quand les facteurs ayant bloqué le tallage ont disparu, celui-ci peut reprendre. C'est le cas après un apport d'azote suffisamment tardif (Gillet *et al.*, 1969), après une pluie libérant l'azote bloqué dans le sol par une sécheresse modérée n'ayant pas arrêté la croissance (Stark et Longley, 1986), et surtout après une coupe ramenant la lumière du jour à la base des plantes, pourvu qu'elles aient accès à beaucoup d'azote (figure 5.9).

Y a-t-il un délai de réponse ?

Dans la plupart des études sur le contrôle du tallage des graminées, celui-ci est mis plus ou moins explicitement en relation avec les conditions contemporaines. Dans la mesure où la présence d'une talle n'est enregistrée qu'à partir de sa naissance, c'est-à-dire assez longtemps après le début effectif de sa croissance (voir ci-dessus p. 50), il est tout à fait envisageable que cette présence résulte plutôt de conditions antérieures.

L'existence d'un délai entre le passage d'un facteur à un niveau bloquant et l'arrêt effectif de l'apparition de nouvelles talles est à peu près impossible à estimer au champ. Ce sont des expériences comme celle de Casal *et al.* (1986) qui permettent de rejeter l'hypothèse d'un arrêt du tallage en fonction des conditions contemporaines. Ces auteurs ont élevé en pots individuels et en conditions identiques des jeunes plantes de *Lolium multiflorum*. Ils ont ensuite mis le même jour en conditions expérimentales des plantes à peu près identiques et encore en plein tallage. Le dispositif comportait 3 densités, respectivement de 40, 55 et 115 pots/m² placés à l'extérieur en automne, avec ou sans diodes émettrices de rouge clair à la base des plantes. Les talles ont été comptées périodiquement mais les résultats publiés sont regroupés en deux périodes (figure 5.10) : de 0 à 18 jours, puis de 18 à 28 jours après la mise en essai. En 1ʳᵉ période, le tallage s'est poursuivi à un rythme voisin ou supérieur à

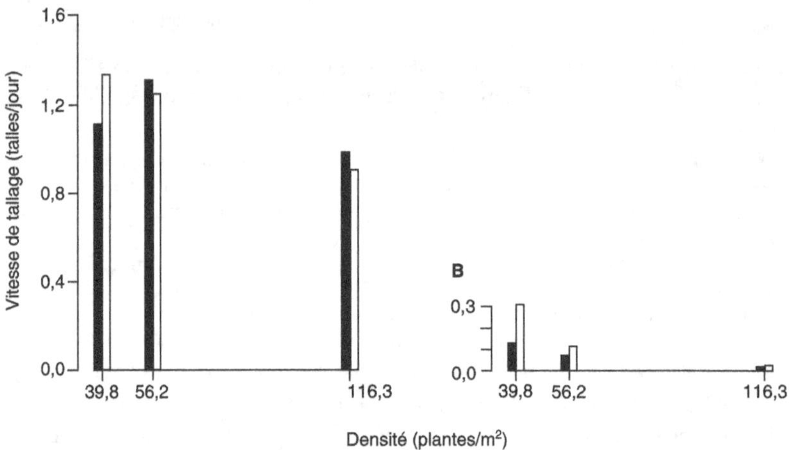

Figure 5.10. Effet du transfert à des densités différentes et avec un éclairage supplémentaire en rouge clair sur la poursuite du tallage de plants de *Lolium multiflorum* en pots élevées préalablement en conditions identiques. D'après la figure 6 de Casal *et al.*, 1986.

Lors de la mise en conditions expérimentales, les plantes portaient chacune 16,9 ± 0,6 talles. Les barres blanches montrent les résultats obtenus sur les plantes ayant chacune deux diodes à la base, et les noires les plantes témoins. Les talles ont été observées et comptées tous les 10 jours. Il n'y a pas eu de mort de talles.

Les résultats du suivi ont été regroupés par les auteurs en moyennes par traitement sur deux périodes :
– de 0 à 18 jours de conditions expérimentales (A) ;
– de 18 à 28 jours (B).

On doit remarquer que les vitesses de tallage sont au moins 4 fois plus élevées sur le graphique A, quand les traitements sont sans effet, que sur le graphique B, quand ils différencient les traitements.

1 talle nouvelle par jour à toutes les densités, et sans effet de l'éclairage rouge clair (figure 5.10.A), les auteurs estimant seulement que la forte densité avait tallé un peu moins. En 2ᵉ période, en revanche, le tallage, beaucoup plus réduit, était très différencié par la densité, et nettement amélioré par la supplémentation en rouge clair aux deux plus faibles densités (figure 5.10.B). Ce comportement est difficilement interprétable sans admettre que c'est le tallage permis par les conditions d'élevage préalable qui s'est poursuivi pendant l'essentiel de la première période, sans effet des conditions expérimentales. Ce n'est qu'après que l'effet de ces conditions a pu se manifester.

L'observation est plus facile dans le sens de la reprise du tallage. Le suivi de 5 jours en 5 jours du nombre de talles vivantes effectué par Davies (1971) sur de petites placettes de *Lolium perenne* montre que les peuplements perdent des talles pendant 15 jours après la coupe, quelle que soit la fertilisation azotée (cf. figure 5.9). Cinq jours après cette période, en revanche, les plantes ayant reçu un des trois traitements azotés portent nettement plus de talles que celles n'ayant reçu aucune fertilisation. Si on admet une température moyenne quotidienne de 16 à 17 °C en été au pays de Galles, 16 à 18 jours de délai entre la mise des plantes en conditions favorables et un tallage manifeste correspondent à 250 à 300 degrés-jours. Avec une durée classique de phyllochrone de 115 degrés-jours pour *Lolium perenne* telle que la rapportent Davies et Thomas (1983), le délai observé correspond à à peine plus que les 2 phyllochrones de gestation de la talle (voir p. 52).

Le stade sensible aux facteurs d'arrêt du tallage est la mise en croissance du bourgeon

Les résultats passés en revue au point précédent montrent que ce n'est pas lorsqu'elle émerge ni au cours de sa croissance engainée qu'une talle peut être bloquée par les facteurs d'arrêt du tallage. Elle ne peut l'être qu'au début, quand le bourgeon qui lui donnera naissance se trouve dans l'étroite fenêtre où il peut entrer dans la 1ʳᵉ phase de son programme de croissance (voir p. 50).

Les talles qui ont démarré émergent, même dans des conditions qui ne leur auraient pas permis de démarrer. Kirby et Faris (1972) ont observé sur orge qu'un bourgeon qui a démarré à la base d'une gaine va nécessairement émerger en une talle visible. Le retour brutal de conditions favorables n'aura pas d'effet visible avant que de nouveaux bourgeons aient atteint leur stade de démarrage et que les talles mises en croissance aient terminé leur gestation.

Effet de l'azote

Avec un stade sensible en tout début de croissance du bourgeon, le blocage du tallage par un manque d'azote peut difficilement être interprété comme une concurrence dans la plante entre les besoins des talles adultes et ceux des talles en train de naître. Jewiss (1972) a montré sur plusieurs espèces que des substances antagonistes des auxines et des gibbérellines favorisaient la croissance des bourgeons de talle. Langer *et al.* (1973) ont montré sur blé que l'application directe de cytokinines* aux bourgeons stimulait leur croissance, même quand les assimilats* manquaient au niveau du brin maître. Sharif et Dale (1980) l'ont confirmé sur orge, et ont montré que les cytokinines devaient venir par les racines. Samuelson *et al.* (1992) ont montré que des racines d'orge mises en présence de fortes concentrations de nitrates (relativement aux besoins instantanés de croissance de la plante) produisaient et transmettaient beaucoup de cytokinines aux parties aériennes. Il nous semble ainsi que l'azote agit par signal sur le tallage, comme la lumière. C'est un signal « nitrates abondants dans le sol », transmis par les cytokinines racinaires, qui permet aux bourgeons de démarrer.

Dans l'expérience de Davies (1971) rapportée dans la figure 5.9, les traitements azotés étaient apportés hebdomadairement, soit depuis un mois avant la coupe, soit à partir du jour de la coupe. Cette différence, certainement importante pour les gains de poids et les teneurs en azote des tissus, n'a pas modifié la reprise du tallage consécutive à la coupe. Tous les traitements azotés devaient offrir assez de nitrates aux racines, au moins aux racines superficielles, pour que le signal « azote » prenne une valeur favorable au tallage au moment de la coupe, comme le faisait le signal « lumière ».

Sites de perception des signaux

Le signal « azote » est perçu par les extrémités actives des racines. Il y a des discussions pour le ou les sites de perception du signal « lumière ». Le site de perception du rapport RC/RS doit se trouver assez à la base des talles existantes pour que la qualité de la lumière transmise sous le couvert puisse être perçue (Skalova *et al.*, 1999).

Davies *et al.* (1983) ont comparé les nombres de talles en repousse sur des plantes dont les bases avaient été masquées ou non par un matériau opaque avant la coupe, avec celles qui l'étaient ou non à nouveau après (figure 5.11). Le jour de la coupe, le nombre de talles était le même dans tous les traitements. Le lot engainé avant et après coupe n'a pas gagné de talles jusqu'à la fin des observations ; le lot jamais engainé en a gagné exponentiellement ; le lot engainé avant coupe puis en pleine lumière après celle-ci n'a pas produit avant la 3e observation plus de talles que l'autre lot engainé jusqu'au moment de la coupe, puis son gain de talles a été au moins aussi important que celui du lot jamais engainé. Outre une confirmation du délai de réponse aux signaux (Gautier et Varlet-Grancher, 1996), cette expérimentation montre que les gaines sont un site majeur de perception du signal de qualité de la lumière.

Les bourgeons non mis en croissance deviennent dormants

Les bourgeons qui n'ont pas démarré au bon moment peuvent mourir, mais, le plus souvent, ils entrent en vie ralentie. On peut classer les bourgeons en « vivants dormants » ou « probablement morts » par des colorations (Busso *et al.*, 1989 ; Jamsran *et al.*, 1999). On a observé des « bourgeons dormants » sur les talles en croissance de toutes les espèces où ils ont été recherchés, depuis des espèces de steppe (*Agropyron* cespiteuses chez Busso *et al.*, 1989) jusqu'à des espèces de prairies intensives

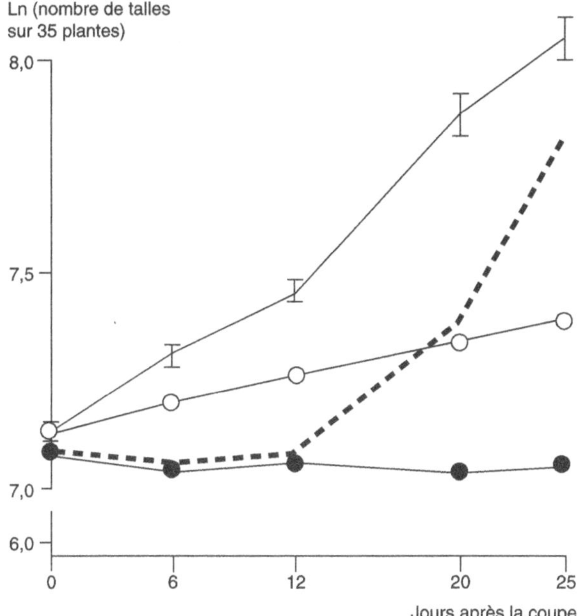

Figure 5.11. Nombre de talles le jour de la coupe et à 4 reprises ensuite sur des plantes de *Lolium perenne* d'un même clone, selon que les bases de ces plantes avaient été engainées ou non dans du plastique noir avant la coupe et qu'elles l'étaient ou non après la coupe. D'après la figure 1 de Davies *et al.*, 1983.

En ordonnée, le logarithme népérien du nombre de talles sur les 35 plantes de chaque traitement élémentaire : $e^7 = 1\,097$, $e^{7,5} = 1\,808$, $e^8 = 2\,981$.

La ligne avec les barres d'erreur représente les plantes dont la base n'a jamais été masquée ; celle avec les ronds blancs, les plantes dont les bases n'ont été masquées qu'après coupe ; celle avec les ronds noirs, les plantes dont les bases ont été masquées avant et après coupe ; les pointillés figurent les plantes dont les bases étaient masquées avant coupe, mais en pleine lumière ensuite.

comme *Lolium perenne* (Matthew *et al.*, 1998) en passant par *Festuca arundinacea* (figure 5.12 ; Brock *et al.*, 1997). Au laboratoire, une concentration élevée en saccharose dans le milieu de culture met les bourgeons en dormance (Jamsran *et al.*, 1999).

Dans des régions où la sécheresse estivale impose un arrêt général de croissance aux graminées, Biddiscombe *et al.* (1977) ont distingué deux sortes de bourgeons à la base de plantes de différentes lignées de plusieurs espèces : des bourgeons considérés comme simplement arrêtés, car capables de démarrer lors d'une réhumectation expérimentale en milieu d'été, et des bourgeons véritablement dormants, qui ne réagissent pas à un tel traitement mais attendent que l'automne soit installé. Les lignées diffèrent pour les mises en croissance estivale, mais on ne sait pas si les bourgeons étaient identifiables *a priori*, ou s'ils ont simplement réagi aux conditions en fonction du niveau de dormance intrinsèque de leur lignée (voir p. 31, plus haut.).

Les observations dont on dispose laissent penser que les bourgeons dormants demeurent capables de démarrer, même quand la talle ne porte plus de feuille verte (Biddiscombe *et al.*, 1977). La limite est sans doute la disposition de réserves en

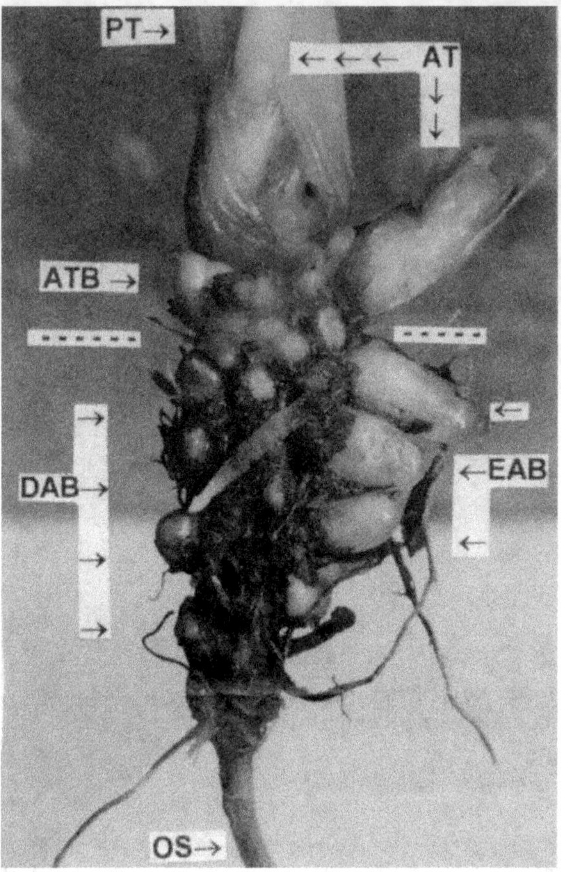

Figure 5.12. Base d'une vieille talle de fétuque élevée (*Festuca arundinacea*) débarrassée de ses vieilles gaines et de la plupart de ses racines primaires, ce qui permet de voir les bourgeons persistant sur les phytomères inférieurs. D'après la figure 2 de Brock *et al.*, 1997, reproduite avec autorisation.

La partie feuillue de la talle (PT pour *primary tiller*), est un peu à l'arrière-plan, derrière une talle axillée poussant effectivement vers le haut, contrairement à l'autre talle (AT), à droite, qui doit plutôt être une talle extravaginale (définie ci-contre).

DAB (*dormant axillary bud*) : bourgeons dormants (au nombre de 4, bien sphériques) ; EAB (*elongated axillary bud*) : départs de 3 rhizomes, à peu près simultanés ; ATB (*axillary tiller bud*) : possiblement, départ d'une autre talle extravaginale ; les deux segments pointillés signalent le niveau au-dessus duquel il y avait des feuilles actives.

sucres. Les bourgeons de la base de talles reproductrices qui peuvent démarrer bien après la mort de la talle (comme sur *Phalaris aquatica* : Cullen *et al.*, 2005) doivent en fait être portés par des phytomères préalablement transformés en organes de réserve et survivant une saison de plus, comme chez les graminées à bulbes* (*Hordeum bulbosum* : Ofir, 1975 ; *Poa bulbosa* : Ofir et Kigel, 1999). Chez *Pennisetum purpureum*, une C4 qui passe l'hiver à l'état de chaume, les bourgeons portés par les souches des talles sont capables de démarrer au printemps sur toutes les plantes de l'année précédente quand la surface est restée couverte d'herbe morte, mais seulement sur la moitié d'entre elles quand un déchaumage sévère a été pratiqué (Ishii *et al.*, 1996).

La taille et la forme des bourgeons dormants (voir figure 5.12) laissent penser qu'une croissance spécifique s'est poursuivie à leur niveau entre le moment où ils auraient pu pousser à talle et celui où ils se sont retrouvés en dormance. On ne dispose malheureusement d'aucune observation sur les bourgeons dormants des talles en croissance ou de simples rhizomes. En revanche, sur les bourgeons d'*Hordeum bulbosum* proches du bulbe en formation, Leshem et Nir (1972) ont observé la formation active de nouveaux *primordia* de feuilles tandis que les divisions cellulaires s'arrêtaient sur le *primordium* foliaire le plus ancien, puis ils ont observé le démarrage de *primordia* de racines à la base du bourgeon. Ofir (1975) a observé autour de 10 ébauches foliaires dans les bourgeons régénérateurs de cette espèce. Les bourgeons régénérateurs de *Phalaris tuberosa* observés par McWilliam (1968) présentent plusieurs écailles protectrices (qui sont autant d'anciens *primordia* foliaires) enveloppant quelques ébauches de feuilles et un apex avec plusieurs *primordia*. Il est très improbable que les bourgeons dormants sur une talle de fétuque en croissance ou un rhizome de chiendent soient aussi développés.

▸▸ Émission des talles en végétation installée

Types et origine des nouvelles talles

En prairies naturelles ou installées depuis suffisamment longtemps, c'est-à-dire sans doute plus d'une saison de végétation, on peut observer trois sortes de nouvelles talles :

– des talles « axillées synchrones ». Ce sont exactement celles des jeunes plantes. On les voit en haut des gaines des feuilles de la mère et elles portent un nombre de feuilles conforme à la synchronisation décrite ci-dessus (p. 50) On peut les observer sur toutes les espèces, y compris sur de vieilles touffes d'espèces « pauvres » (Janisova, 2006) ;

– des talles extravaginales. Elles croissent plus ou moins perpendiculairement à la talle mère en traversant la base de ses gaines — le plus souvent déjà mortes, mais pas forcément. Ces talles partent de plus bas (c'est-à-dire sur des nœuds plus âgés) que les talles axillées synchrones. Après un allongement horizontal plus ou moins marqué, la talle extravaginale déploie ses feuilles à quelque distance de la mère (figure 5.13 ; voir aussi figure 5.12). Ce type de tallage constitue surtout le départ des rhizomes (voir plus loin, chapitre 8)

– des talles « axillées retardées ». Poussant dès le début vers le haut comme les talles axillées synchrones, elles apparaissent le long de talles vivantes, à l'aisselle de feuilles mortes depuis parfois très longtemps. Elles sont facilement observables sur Dactylis sp. (figures 5.14 et 5.15) et autres espèces cespiteuses (présence sur Lolium perenne notée par Davies, 1974), notamment les espèces dont les talles vivent longtemps et qui réussissent en milieux pauvres (par exemple Festuca pallens ; Janisova,

Figure 5.13. Exemple de talles extravaginales sur *Festuca arundinacea*. Photo M. Lafarge.

Les deux talles filles sont clairement nées en perçant les gaines de la mère. Celle de gauche, à peu près horizontale au départ, a dû allonger un entrenœud à l'intérieur de sa préfeuille, ce qui n'est pas forcément le cas de celle de droite, beaucoup plus dressée. Les deux talles ont formé en étui au moins leur première feuille vraie, comme des rhizomes (voir plus loin, p. 107), sans doute pour traverser la litière superficielle. La première feuille déroulée (encore incomplètement) sur la talle de gauche laisse apparaître une « zone de constriction » (Lock, 2003). Celle-ci est due à une pression prolongée de la ligule de la feuille précédente sur les cellules du limbe en début d'allongement lors de leur ascension conjointe à l'intérieur des gaines adultes qui les enserrent.

La talle mère a été quelque peu perturbée par la coupe précédente : alors que la feuille en train d'émerger et la feuille 1, en fin de déroulement, toutes deux émises après la coupe, sont bien dans l'axe des vieilles gaines, la feuille 2 en a été écartée. Du coup, sa jonction gaine-limbe (matérialisée ici par les oreillettes) s'est positionnée plus bas que le haut de la gaine précédente, arraché par la coupe.

Figure 5.14. Fragment clonal de dactyle montrant un bourgeon croissant parallèlement aux gaines des talles vivantes mais à l'extérieur de celles-ci. Photo M. Lafarge.

BC : bourgeon en croissance. La surface du sol est à peu près horizontale sur la photo. Elle passe juste en haut des zones racinées du fragment. Les lignes horizontales du fond sont espacées de 2 mm.

L'élimination des restes de gaines pourries et d'une grande partie des racines révèle un bourgeon en croissance à la base de la branche gauche du fragment. Il pousse à peu près parallèlement aux talles vivantes.

2006). Elles ont été observées sur *Festuca arundinacea* (figure 5.16). On peut ranger dans cette catégorie les « talles régénératrices » qui démarrent à partir de bourgeons portés par des talles ou des parties de talles mises en dormance saisonnière (Biddiscombe *et al.*, 1977 ; Culvenor, 1993 ; Cullen *et al.*, 2005a ; Hartnett *et al.*, 2006).

Les talles axillées synchrones proviennent des jeunes bourgeons parvenus à leur fenêtre de mise en croissance, comme exposé plus haut (voir p. 50). Les autres talles démarrent de plus bas sur la mère (voir figures 5.13 à 5.15), par levée de dormance de bourgeons plus anciens. L'orientation de croissance vers le haut ou plus ou moins horizontalement en talle extravaginale ne semble pas dépendre de l'espèce (Brock

Figure 5.15. Bourgeons en croissance à l'extérieur des gaines d'une talle de *Dactylis glomerata* en croissance. Photo M. Lafarge.

Un premier bourgeon est en train de s'allonger devant une feuille morte persistant sur une talle vivante qui a fait allonger un entrenœud en dessous du point d'origine de ce bourgeon en croissance. Celui-ci semble faire pousser sa première feuille vraie en étui : l'extrémité de la préfeuille semble en effet plus basse, à mi-hauteur de l'ensemble.

Un deuxième bourgeon s'allonge à gauche de la talle, à partir d'un nœud un peu plus haut. Si toutes ces structures sont blanches, c'est qu'elles étaient enfouies dans la litière.

La talle mère est elle-même issue d'un nœud de la base d'une talle à entrenœuds allongés à présent morte.

et al. [1997] pour *Festuca arundinacea*, Herben *et al.* [1994] pour *F. rubra*) mais de conditions. En tous cas, il n'y a plus de synchronisation avec l'émission des feuilles. Il n'y a plus non plus de règle morphogénétique de position d'une fille par rapport à sa mère (Skalova, 2010), même quand la talle est physiquement axillée, car on ne sait pas *a priori* quels bourgeons vont démarrer et, souvent, un allongement d'entrenœud est nécessaire avant la naissance visible de la talle (voir figure 7.11, plus loin).

Figure 5.16. Base de fragment clonal de fétuque élevée (*Festuca arundinacea*) montrant le départ à peu près simultané de futurs rhizomes (RAT) et d'une talle axillée retardée (AT). Figure 3 de Brock *et al.*, 1997.

PT : axe principal du fragment. ST : filles adultes de la talle principale ; celle de gauche est vraisemblablement une talle extravaginale et celle de droite une talle axillée, dont on ne peut pas dire si elle était synchrone ou retardée.

La plante provient d'une prairie semée depuis 5 ans, en Nouvelle-Zélande. Une partie des bases mortes des feuilles a été enlevée.

Mise en croissance des bourgeons dormants

Sur des talles isolées élevées en pots, Skalova (2010) a observé que l'ombrage favorisait l'émission de talles extravaginales à partir de bourgeons dormants. McIntyre (1972) a observé en conditions contrôlées le devenir de tels bourgeons portés par de jeunes rhizomes de chiendent toujours reliés à leur plante mère. Après décapitation du rhizome (la dominance apicale existe sur les rhizomes — voir, plus loin, p. 112), les bourgeons portés par des plantes bien éclairées produisent surtout des rhizomes secondaires quand la plante pousse sur un milieu pauvre en azote, et surtout des talles feuillues quand le milieu de culture est riche en azote

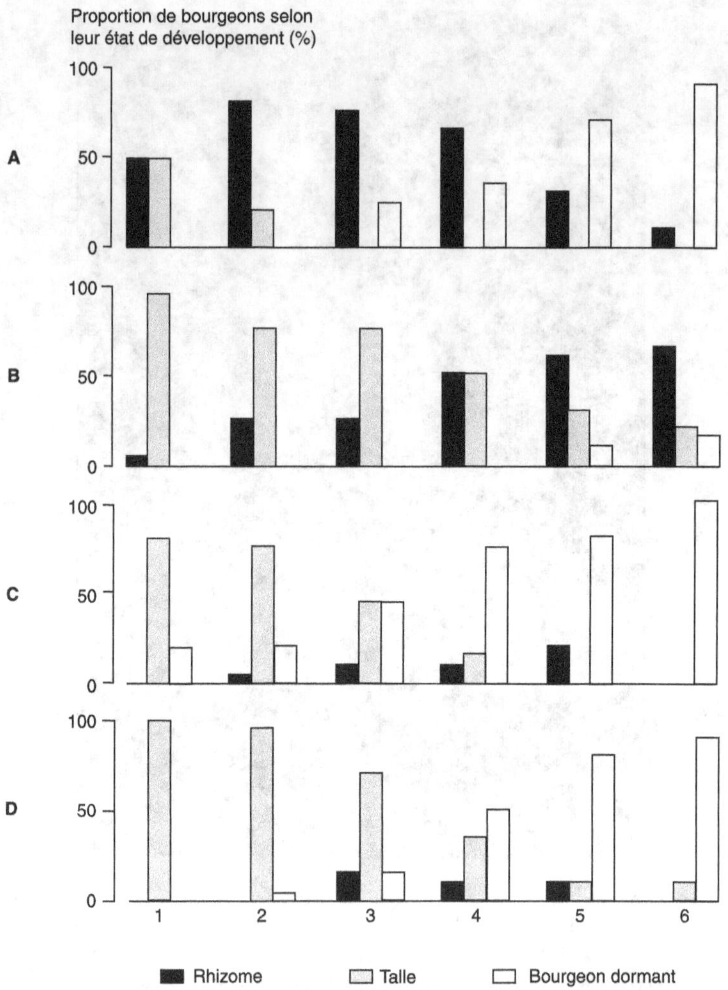

Figure 5.17. Proportions des bourgeons latéraux sur 20 jeunes rhizomes d'*Elytrigia repens* selon ce qu'ils sont devenus 14 jours après décapitation du rhizome, en fonction de l'éclairement et de l'alimentation azotée de la plante. D'après la figure 3 de McIntyre, 1972.

A et B : éclairement de 3 000 ft-c ; C et D : éclairement réduit à 350 ft-c à partir de 2 jours avant décapitation ; A et C : azote maintenu à 5,25 ppm depuis la période d'élevage ; B et D : azote porté à 210 ppm 2 jours avant la décapitation des rhizomes.

1 footcandle (ft-c) ≈ 10,764 lux.

Un éclairement fort favorise le démarrage des bourgeons au détriment de leur maintien en dormance. Dans ces conditions, une forte alimentation azotée favorise leur croissance en talles. Quand l'éclairement est faible, les bourgeons proches de l'apex décapité donnent des talles, quelle que soit l'alimentation azotée.

(figure 5.17.A et B). Dans les mêmes conditions expérimentales mais sous éclairement réduit, les bourgeons qui démarrent donnent presque tous des talles, même quand l'azote est limitant (figure 5.17.C et D). Plus que d'un effet simple de l'azote, le démarrage à talle d'un bourgeon dormant doit dépendre d'un bilan entre l'effet des sucres et celui de l'azote non structural. En présence de peu de sucres, même peu d'azote induirait un démarrage à talle (figure 5.17.C).

Évidemment, sur des souches dormantes, une certaine quantité de sucres en réserves est indispensable à la survie des bourgeons et au soutien de leur croissance avant déploiement de surfaces vertes. Une quantité importante de sucres stockés dans les bourgeons est globalement favorable à la repousse et à la persistance après sécheresse méditerranéenne (Lodge, 2004) mais rien ne montre que ces réserves favorisent le démarrage des bourgeons.

Dans une steppe froide et sèche de Mongolie intérieure, Bai *et al.* (2009) ont mis en défens une zone homogène dans une tache à peu près pure de *Leymus chinensis* (une graminée rhizomateuse dominante dans la région), puis ils y ont délimité des placettes de 40 m², non contiguës. Certaines de ces placettes ont reçu 32 g/m² (= 320 kg/ha) d'azote en une seule fois juste avant l'arrêt hivernal de la végétation. L'été suivant et l'été d'encore après, les placettes fertilisées portaient nettement plus de ramètes que les témoins. Le deuxième été, les observations destructives ont montré que la plupart des talles provenaient de bases d'anciennes talles dans les placettes azotées, et que celles-ci portaient moins de talles issues directement des rhizomes que les témoins.

Délais et possibilité d'avortement

On ne dispose pas de suivis systématiques, et les situations sont très variées. On peut simplement dire que le délai d'apparition d'une talle axillée synchrone, c'est-à-dire les 2 phyllochrones nécessaires pour que la première feuille vraie émerge en haut de la préfeuille, est un délai minimal. De nombreuses observations mettent en évidence l'émission d'une ou plusieurs feuilles en étui avant qu'un limbe ne se déploie (voir les photos sur dactyle figure 5.15 et figure 7.11). Cela nécessite autant de phyllo-chrones supplémentaires. Un blocage de cette croissance initiale et l'avortement de la future talle sont alors tout à fait vraisemblables. Sur *Pennisetum purpureum*, Ishii *et al.* (1996) ont observé que plus de la moitié des bourgeons régénérateurs mis en croissance au printemps mouraient après avoir atteint quelques centimètres de longueur. Un tel avortement n'est pas forcément un obstacle à la reconstitution du peuplement. Lors de cette même étude, des bourgeons axillaires portés par les axes qui avortent ont été capables de démarrer à leur tour et de donner naissance à des talles.

Chapitre 6

L'état reproducteur : conséquences sur la végétation et la pérennité

▸▸ État reproducteur en espèces réputées pérennes

Talles reproductrices et saison de reproduction sexuée

Une talle devient reproductrice quand son méristème apical s'est transformé en ébauche d'inflorescence. À partir de ce moment, les entrenœuds associés aux ébauches foliaires déjà présentes sous cette ébauche d'inflorescence vont s'allonger : la talle « monte ». C'est généralement à ce caractère qu'on la reconnaît avant que la panicule ou l'épi n'émerge. Ensuite, elle est souvent qualifiée de « fertile ».

Dans la plupart des espèces, les talles reproductrices émettent leur inflorescence et fleurissent sur une période de temps assez courte et une seule fois par an. C'est la saison de reproduction. Cette saison se situe au printemps chez les festucoïdes et en été ou plus tard chez les panicoïdes. Des différences fines entre espèces sont reconnaissables et peuvent servir à des classements.

Certaines espèces ont une saison de reproduction étendue et dont la fin n'est pas clairement définie. On considère plus ou moins explicitement qu'elles ont une première saison bien définie mais qu'ensuite le passage de talles à l'état reproducteur peut se répéter plus ou moins indéfiniment. On les appelle « remontantes ». Un bon exemple en est le ray-grass d'Italie.

Proportions de talles reproductrices dans un peuplement à la saison

Cultivées en lignes espacées dans les grandes plaines des É-U et entretenues plusieurs années en vue de récoltes de semence, diverses variétés de fétuque élevée présentent à maturité entre 25 et 33 % de talles fertiles sur le nombre total de talles, selon la variété et le mode d'élimination des résidus (Young *et al.*, 1998). En prairies fauchées dans le Massif central français, cette même espèce présente en juin de 5 à 15 % de talles reproductrices parmi les talles vivantes à ce moment-là, selon l'âge des peuplements et leur alimentation en azote (Lafarge, 2006). Toujours sur *Festuca arundinacea* mais en prairies pâturées en Nouvelle-Zélande, l'équipe AgResearch de Palmerston North a observé au printemps que 20 % des « plantes » (= fragments clonaux) portaient des talles reproductrices, au nombre de 1,5 par plante à la date où elles étaient le plus nombreuses (Hume et Brock, 1997). Avec 3 à 6 talles adultes par plante sur l'ensemble des plantes au printemps, la proportion de talles reproductrices dans le peuplement s'établit vers 5-10 %.

Sur *Lolium perenne* en pâtures, AgResearch a observé que 50 à 60 % des « plantes » portent des talles fertiles au printemps (Brock et Fletcher, 1993 ; Brock *et al.*, 1996 ; Hume et Brock, 1997), à raison de 1,5 à 2 par plante, alors que l'ensemble des plantes porte en moyenne 3 à 6 talles adultes (d'après les résultats de Brock *et al.*, 1996 et Hume et Brock, 1997), soit 20 à 30 % de talles fertiles dans le peuplement. Dans les mêmes conditions, la même équipe a observé sur *Dactylis glomerata* une seule talle reproductrice par plante et sur seulement 10 % des plantes, alors que l'ensemble de celles-ci portait en moyenne 3 talles adultes (Brock *et al.*, 1996). Cela fait moins de 5 % de talles reproductrices dans le peuplement à la saison.

En prairie naturelle d'altitude en Tchéquie, Herben *et al.* (1993a) ont suivi pendant 4 ans la démographie des talles sur des touffes identifiées de *Festuca rubra* : 6 à 8 % des talles présentes sont reproductrices à la saison (début d'été) 3 années sur 4, mais ce taux atteint 20 % une année sur 4. Sur les sols rocailleux et séchants de leur habitat naturel en Slovaquie, les touffes de *F. pallens* observées par Janisova (2006) portent 3 à 10 % de talles reproductrices, selon l'année et le site. En prairie naturelle associant *Agrostis stolonifera*, *F. rubra* et *Poa irrigata* en bord de mer Baltique, Jonsdottir (1991) a observé une grande variation interannuelle de la proportion de talles montantes : 8 à 22 % en *A. stolonifera*, 1 à 5 % en *F. rubra* et 4 à 23 % en *P. irrigata*, les extrêmes ne tombant pas les mêmes années.

Dans les peuplements observés par Gastal et Matthew (2005), une espèce remontante comme *Lolium multiflorum* présente environ 40 % de talles épiées en juin-juillet de première et deuxième année d'exploitation, et encore 20 % en septembre. Sur plantes isolées, en pots et en serre, *L. multiflorum* porte 35 à 45 % de talles reproductrices, selon que l'intervalle entre coupes est de 2 ou 4 semaines (Hume, 1991).

Dates de naissance des talles qui deviennent reproductrices

Le baguage des talles qui sont nées au cours d'intervalles de temps successifs permet de suivre ce qu'elles deviennent et, rétrospectivement, de savoir quand sont nées un ensemble de talles présentant ultérieurement telle ou telle caractéristique, par exemple d'être reproductrices. Les talles reproductrices observables au 2ᵉ printemps de cultures de semence proviennent de l'été précédent pour 73 % pour le brome (*Bromus unioloides*), 61 % pour le ray-grass anglais (*Lolium perenne*) et 40 % pour la fléole (*Phleum pratense*), et de l'automne pour seulement 25 % pour le brome, 32 % pour le ray-grass et 36 % pour la fléole (Hill et Watkin, 1975). L'hiver précédant le comptage n'a vu naître que 2 % des talles fertiles du brome et moins de 8 % de celles du ray-grass, mais plus de 20 % de celles de la fléole. Le début du printemps donne encore immédiatement 3 % de talles reproductrices en fléole (Hill et Watkin, 1975).

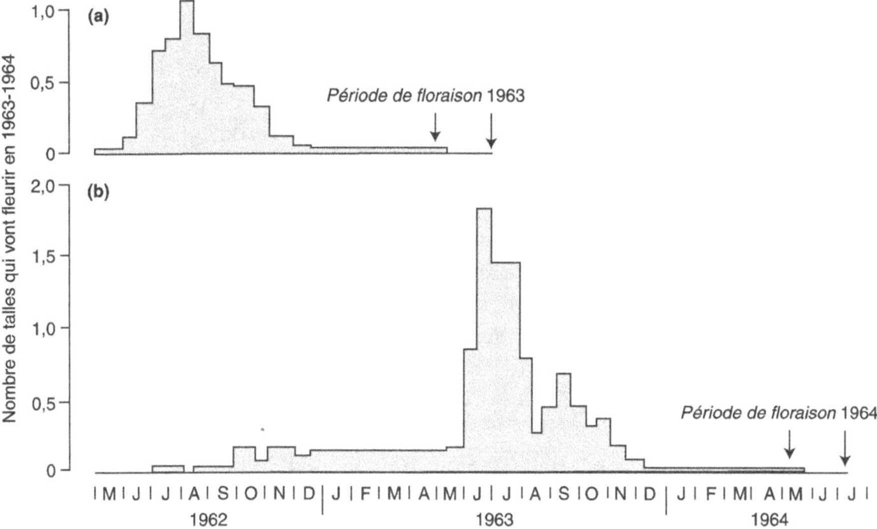

Figure 6.1. Proportions de différentes périodes de naissance parmi les talles qui épient lors de printemps successifs. D'après la figure 5 de Robson, 1968.

Fétuque élevée (*Festuca arundinacea*) semée en conteneurs en plants isolés juste avant la période d'observation et élevées à l'extérieur. Nouvelles talles baguées tous les 15 jours ; résultats exprimés en nombre de talles de la cohorte qui ont fleuri par jour de chacune des deux périodes de floraison.

Les observations de Robson (1968 ; figure 6.1) et de Lambert et Jewiss (1970) montrent que la plupart des talles de grandes fétuques qui montent à fleur en bacs élevés à l'extérieur sont nées au cours de l'été et de l'automne précédent, comme chez les espèces observées ci-dessus. Surprenant au premier abord, une proportion non négligeable des talles reproductrices sont nées en année $n-2$, surtout en automne. Ces talles ont passé un hiver puis sont restées végétatives alors que certaines de leurs contemporaines montaient en épi. Elles ont alors passé un deuxième hiver et ont fleuri à la saison suivante (figures 6.1 et 7.7). Chez *F. pratensis*, on trouve aussi quelques talles reproductrices nées en année $n-3$ (Lambert et Jewiss, 1970). Chez *F. rubra*, des talles peuvent même avoir passé trois saisons à l'état végétatif puis fleurir en 4e année (Herben *et al.*, 1993a). Plutôt que d'envisager des individus prédisposés dès leur naissance à un comportement sexuellement bi- ou multiannuel, il est plus simple de considérer qu'une talle reste normalement à l'état végétatif. Chaque année, elle peut éventuellement passer à l'état reproducteur si elle se trouve dans un état physiologique favorable au moment où des signaux environnementaux l'y incitent. Le nombre de saisons de croissance qu'une talle peut passer à l'état végétatif avant de monter dépendrait alors simplement de son espérance de vie.

Persistance de talles végétatives vivantes contemporaines des talles reproductrices

Même si les talles végétatives présentes dans les peuplements à la saison reproductrice sont en majorité plus jeunes que les talles épiées, le baguage des talles montre qu'il subsiste pratiquement toujours des talles végétatives dans les cohortes fournissant le plus de talles reproductrices. Par exemple, dans les prairies d'altitude observées par Duru (1989), 10 à 30 % des talles de dactyle baguées jusqu'à fin octobre sont restées végétatives alors que ces cohortes ont fourni l'essentiel des talles reproductrices comptées en juin suivant.

Observées dans des peuplements poussant sur des sols riches en azote quand les graines sont prêtes à être récoltées sur les parcelles, 15 à 20 % des talles vivantes de *Lolium perenne* nées au cours des mois de l'été et du début d'automne précédent sont végétatives, et 50 à 80 % des talles nées ensuite le sont, en plein automne et en début d'hiver. En peuplements croissant sur substrats pauvres, les taux de talles demeurées végétatives par cohorte mensuelle sont plus élevés (Hill et Watkin, 1975). Dans des peuplements de *Phleum pratense* également observés à la récolte des graines, le taux de talles végétatives survivantes s'établit vers 15 % des talles nées au cours du premier mois d'été, puis augmente progressivement, sans effet cohérent de la conduite avant montaison (Hill et Watkin, 1975).

Toutes les cohortes de fétuque élevée observées par Robson (1968) comportent des talles végétatives persistant après la floraison des talles reproductrices de la cohorte (voir figure 7.7).

▸▸ La talle reproductrice

Induction de l'état reproducteur

Comme les céréales, les graminées « tempérées » (en C3) réclament une exposition à des jours plutôt longs pour transformer leur apex végétatif en apex floral, mais ce traitement doit être vu comme une induction secondaire. Préalablement, les individus de la plupart des espèces pérennes doivent avoir subi des températures froides ou des jours courts (vernalisation), sans lesquels les jours longs ne peuvent pas être efficaces (Heide, 1994). Comme les céréales dites « de printemps », les graminées « annuelles » ne nécessitent pas cette induction primaire. La fléole ne semble pas non plus en avoir besoin (Heide, 1994).

Exigeant en induction primaire, le blé d'hiver voit ses talles tardives ne pas monter en épi (Shanahan *et al.*, 1985) alors que celles d'orge de printemps le font massivement (Dofing et Knight, 1992). Aucune talle de *Dactylis glomerata* née après la fin de la période d'induction primaire ne fleurira, quelles que soient les conditions subies par les mères en période d'induction, alors que chez *Bromus inermis*, 4 % de ces (nombreuses) talles vont fleurir (Havstad *et al.*, 2003). Il en fleurit encore probablement plus chez *Festuca pratensis* (Lambert et Jewiss, 1970).

La longueur du jour ne peut être perçue que par les feuilles. Un signal florigène doit ensuite être transmis à l'apex pour qu'il se transforme. Havstad *et al.* (2003) ont suivi l'induction primaire sur de jeunes plantes de dactyle dont chaque moitié était exposée soit à des jours courts (inducteurs) soit à des jours longs (non inducteurs) après quelques semaines de croissance. Des défoliations par demi-plante ont été pratiquées pendant la période expérimentale. La transmission du signal aux apex des talles situées en conditions inductrices est freinée par la coupe, surtout quand c'est la demi-plante en conditions inductrices qui a été défoliée. Que la défoliation porte sur les deux moitiés ou seulement sur la demi-plante en jours longs, 40 % des demi-plantes en conditions non inductrices ont fleuri. Il y a bien transmission du signal d'induction primaire entre talles existantes à ce moment-là par les vaisseaux interconnectés, même si toutes les talles ayant reçu le signal ne vont pas monter.

Passage à l'état reproducteur

L'apex d'une talle qui devient reproductrice passe par une « période de transition » où il s'allonge brusquement (figure 6.2) en produisant rapidement des phytomères méristématiques sur lesquelles les ébauches foliaires ne se forment plus mais restent à l'état de ride (figures 6.2 et 6.3 ; Malvoisin, 1984b ; Delécolle *et al.*, 1989). Cette période se termine quand un signal transforme les ébauches de bourgeons restées indifférenciées sur tous ces phytomères en *primordia* d'épillets, en commençant par le milieu de la zone. Vers le bas, le phytomère le plus proche des ébauches foliaires différenciées peut soit en donner une, soit donner une ébauche d'épillet (figure 6.3). À partir du moment où l'apex porte des ébauches d'épillets différenciées, la talle peut être considérée comme pleinement passée à l'état reproducteur.

Même quand les besoins en induction sont faibles (voir la fléole chez Hill et Watkin, 1975), on a vu que toutes les talles ne devenaient pas reproductrices. L'alimentation minérale joue un rôle. Les dactyles observés en altitude par Duru (1989) révèlent une plus forte proportion de talles reproductrices en bonne alimentation phospho-potassique et quand de l'azote a été ajouté. En fétuque élevée fauchée 4 fois par an, une alimentation azotée élevée augmente la densité et la proportion de talles reproductrices (Lafarge, 2006). Dans la même étude, des peuplements âgés de 6 ans comportent plus de talles reproductrices que des peuplements de 2 ans recevant les mêmes fertilisations.

En *Poa pratensis* et *Festuca rubra* au champ, les talles de gros diamètre comportent une plus forte proportion de reproductrices (Canode et Law, 1979 ; Boelt, 1999). La quasi-absence de reproductrices parmi les talles les plus fines (pour *Poa pratensis* voir Canode et Law, 1979) pourrait expliquer les comportements sexuellement plurian-nuels, d'après Sylvester et Reynolds (1999). Dans des touffes de *Festuca rubra* en prairie pauvre, ce sont les talles qui étaient les plus grandes l'année précédente qui deviennent reproductrices (Herben *et al.*, 1993a).

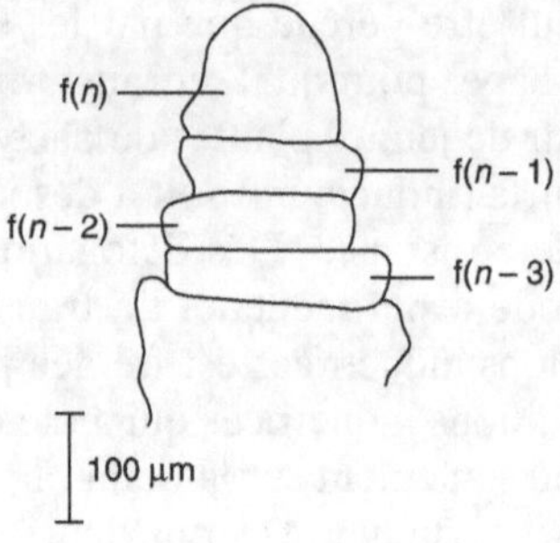

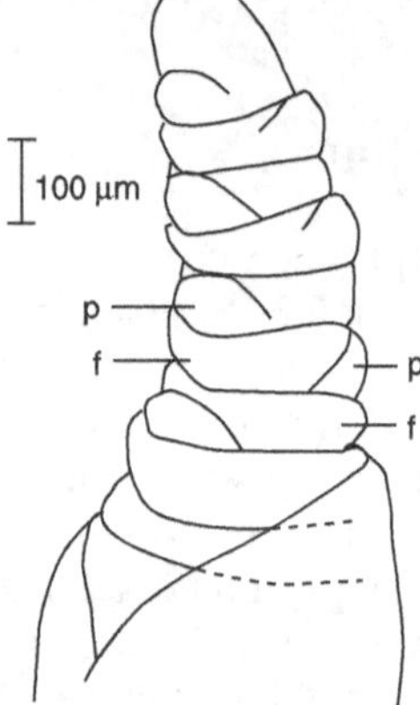

Figure 6.2. Apex d'une talle reproductrice de fétuque des prés (*Festuca pratensis*) au début et à la fin de la période de transition. D'après les dessins de la planche 3 de Gillet, 1969.

Dessin du haut : apex végétatif allongé. Le plastochrone s'est considérablement accéléré. Les phytomères les plus jeunes ne développent plus d'ébauche foliaire typée mais une ride indifférenciée, repérée ici par « f ». L'apex est au stade de simples rides.

Dessin du bas : les *primordia* indifférenciés des futurs épillets sont notés « p » au-dessus de la ride foliaire de chaque phytomère, à la place normale des bourgeons de talle. Ces *primordia* ne présentent pas de différences de développement suivant l'âge. L'apex est au stade de doubles rides.

Développement végétatif de la talle reproductrice

Sur une talle passée à l'état reproducteur, le programme de croissance décrit précédemment (p. 21 à 23) se déroule normalement au rythme inchangé du phyllochrone. En plus de l'émission des feuilles, il y a simplement maintenant allongement effectif des entrenœuds des phytomères successifs quand ils vont passer en 3e et 4e phases du programme de croissance, du fait de la production de gibbérelline par l'apex à partir de son passage à l'état reproducteur (Pharis *et al.*, 1987). Cette hormone doit alors interdire la mise en croissance des bourgeons de talle fille qui n'auraient pas déjà démarré. En revanche, ces bourgeons peuvent donner naissance à des talles filles quand la talle reproductrice en croissance est maintenue couchée sur le sol par des roulages répétés (Minderhoud, 1980).

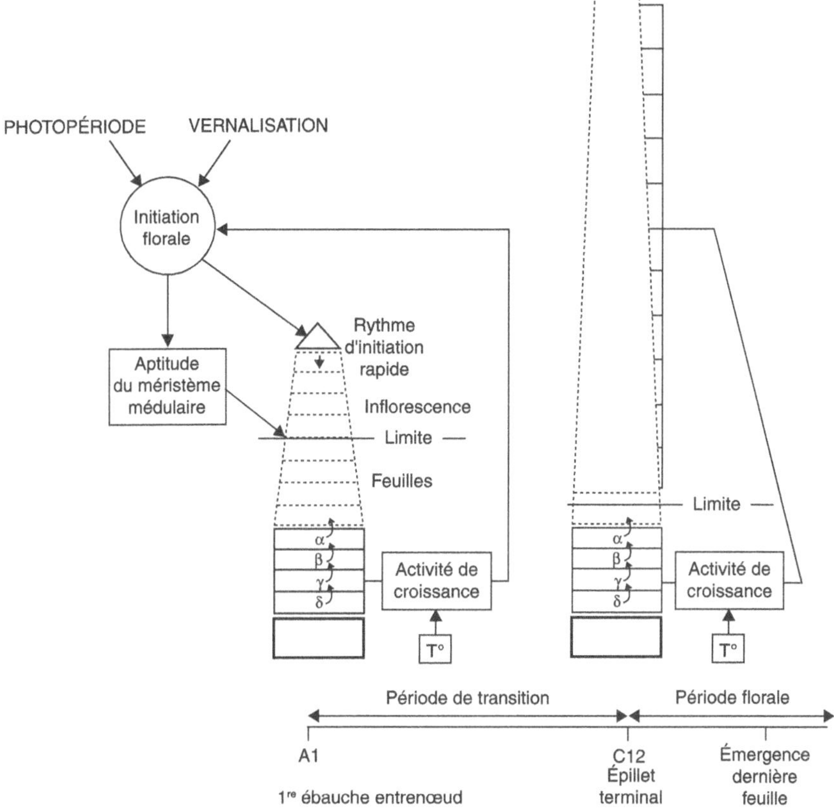

Figure 6.3. Morphogénèse sur l'apex d'une talle reproductrice au cours de la période de transition entre l'état végétatif et la différenciation des *primordia* d'épillets. D'après la figure 11 de Malvoisin, 1984b.

À gauche : le modèle morphogénétique exposé à la figure 2.7 pour une talle végétative est modifié par une accélération brutale de l'émission de *primordia* de phytomères par le dôme apical. Ces nouveaux *primordia* demeurent indifférenciés, c'est-à-dire que sur chacun d'eux, la zone où normalement les cellules se multiplient et se différencient en ébauche foliaire reste à l'état de simple ride (cf. figure 6.2). Pendant ce temps, les ébauches foliaires précédemment différenciées continuent d'entrer et de progresser dans le programme de croissance effective par auxèse, au même rythme phyllochronique que précédemment (voir p. 19 à 22).

À droite : l'ébauche de bourgeon axillaire située au-dessus de chaque ride foliaire sur les *primordia* indifférenciés devient un bourgeon d'épillet, à peu près simultanément sur tout l'apex. Entre les ébauches foliaires existantes et les nouvelles ébauches d'épillet, un dernier *primordium* indifférencié peut devenir soit une ébauche d'épillet, soit une ébauche foliaire. Il devient une ébauche foliaire s'il s'est différencié ainsi (évènement dit « discret ») un peu avant l'arrivée du signal floral (progression continue) à la base de la zone indifférenciée. Sinon, il donne une ébauche d'épillet.

Dans le cas du blé sur lequel Malvoisin a travaillé, comme sur toutes les espèces à épillet terminal, le dôme apical de l'axe s'est alors lui aussi transformé en bourgeon d'épillet.

Le premier entrenœud à présenter un allongement plus que millimétrique en relation avec le développement reproducteur n'a pas été l'objet d'investigations chez les graminées prairiales, à notre connaissance. Sur le brin maître du blé, Malvoisin

(1984a) considère que le début de la période de transition telle que décrite ci-dessus est contemporain de l'allongement du 1er entrenœud, c'est-à-dire que cet allongement concernerait le phytomère alors en 4e phase ou, éventuellement, celui du dessus, en 3e phase. Il devrait y avoir au maximum 2 talles filles en gestation au-dessus de ce premier entrenœud reproducteur.

À partir du début d'allongement du chaume (la tige qui portera l'inflorescence), chaque nouvelle dernière feuille adulte, l'éventuelle talle fille en gestation qu'elle axille et l'ensemble des phytomères moins avancés sont poussés vers le haut par l'allongement de plus en plus marqué des entrenœuds successifs. Les éventuelles talles filles portées par les deux premiers nœuds élevés au-dessus du plateau de tallage deviennent alors des talles aériennes. La forme typique des talles en montaison (figure 6.4) résulte de ces allongements d'entrenœuds. La talle reproductrice terminera sa croissance par l'épiaison, apparition du haut de l'inflorescence (épi ou panicule) au niveau de la ligule de la dernière feuille, puis par son dégagement, en principe complet, par l'allongement de l'entrenœud qui la porte, le col de l'épi. À l'état adulte, les premiers entrenœuds sont généralement de plus en plus longs (figure 6.4), sans doute grâce à un potentiel de croissance accru. Les derniers peuvent être plus courts, quoique de façon moins marquée que les limbes (par exemple Tomlinson et O'Connor, 2005, sur les deux C4 *Eragrostis curvula* et *Themeda triandra*), sans doute à cause de concurrences internes pour les ressources.

Par rapport au modèle de croissance, l'inflorescence peut être vue comme une gaine associée au col de l'épi en un même phytomère. En effet, la dernière feuille vraie (dite « feuille drapeau » sur céréales) passe à l'état adulte (limbe formant un angle avec la gaine et ligule visible), alors que l'inflorescence n'émerge pas mais gonfle à l'abri de la gaine de cette feuille. C'est au phyllochrone suivant que l'inflorescence émerge, poussée par un début d'allongement du col, puis au phyllochrone encore suivant qu'elle trouve sa position définitive, plus ou moins haut au-dessus du dernier limbe. Tant qu'elle est verte, l'inflorescence a une fonction photosynthétique (voir par exemple Biscoe *et al.*, 1975).

Le nombre d'entrenœuds à allonger peut être réduit à 3 (le col de l'épi et les entrenœuds associés à la 1re feuille vraie et à la préfeuille) dans le cas exceptionnel où c'est l'apex d'un bourgeon en début de croissance engainée qui a subi la transition florale. Ce cas est observable sur orge de printemps. Dans le cas général, il y en a plus. En plus du col de l'épi et des entrenœuds des phytomères en 3e, 2e et 1re phases du programme de croissance, il y aura ceux des ébauches foliaires méristématiques en attente au moment où l'apex est devenu reproducteur. Plus il y aura d'ébauches foliaires dans le territoire méristématique, plus la talle pourra faire monter de feuilles vers le haut du couvert et plus son épiaison sera tardive. L'accumulation d'ébauches foliaires dépend de la différence entre la vitesse de leur création et celle de leur mise en croissance (voir p. 20). Si cette différence est stable au cours du temps, une talle encore jeune lors de l'enclenchement de la montaison fera monter moins de feuilles qu'une talle âgée. Dans l'autre sens, ce pronostic pose le problème du développement végétatif des talles sexuellement pluriannuelles.

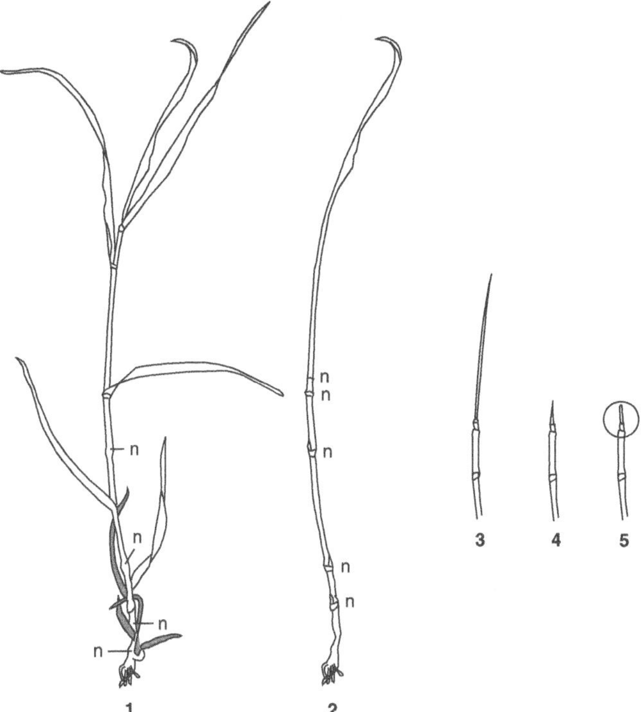

Figure 6.4. Aspect et dissection d'une talle reproductrice en pleine montaison. D'après la figure 3.1 de Gillet, 1980.

1. La talle complète (sans ses éventuelles talles filles) porte à la base des feuilles mortes, puis la même disposition qu'une talle végétative alterne des feuilles vivantes, les limbes étant simplement plus écartés en hauteur. Malgré leur allongement, les entrenœuds sont tous enveloppés par des gaines. La feuille la plus haute semble sur le point de devenir adulte. Elle est à la limite entre la 2e et la 3e phase du programme de croissance exposé au chapitre 2. La feuille du dessous, la plus haute à droite sur le dessin, est pleinement adulte (passage entre la 3e et la 4e phase), ainsi que toutes celles du dessous.

2. Toutes les feuilles adultes ont été enlevées. Au stade de croissance où se trouve la dernière feuille visible, elle ne peut pas avoir développé d'entrenœud (voir p. 21). Le « n » le plus haut est pourtant le nœud qui la porte ; l'entrenœud figuré entre les deux « n » du haut a été exagéré pour être perceptible. Le 2e « n » porte la plus jeune feuille adulte et surmonte un entrenœud en pleine croissance. Le 3e « n » porte la feuille du haut à gauche sur le dessin 1 et surmonte un entrenœud pleinement adulte. La feuille du milieu à droite est portée par le 4e « n », celle du bas à gauche par le 5e et celle du bas à droite, en début de sénescence, par le 6e. Les feuilles mortes ont été émises par la talle alors qu'elle était encore végétative.

3, 4 et 5. La dissection du haut de la talle révèle d'abord une feuille roulée longue, sur le point d'émerger et donc à la limite entre la 1re et la 2e phase du programme de croissance, puis une feuille en tout début de 1re phase et enfin la jeune inflorescence (cerclée sur le dessin).

▸▸ Relations entre les talles reproductrices et la végétation

Talles reproductrices et tallage local antérieur

Dans les deux sites observés par Janisova (2006), les talles reproductrices de *Festuca pallens* avaient produit au cours de l'année antérieure significativement plus de talles filles que les talles préexistantes restées végétatives. En peuplements de *F. arundinacea* fauchés, des placettes permanentes équipées de grilles à mailles de quelques cm² ont permis de suivre sur 2 ans l'évolution des densités locales de talles. Au second printemps, dans les peuplements âgés, les talles reproductrices se trouvaient dans des zones où la densité de végétatives à l'automne précédent était significativement plus élevée (Lafarge, 2006).

Effets des talles reproductrices dans la plante et le peuplement

La construction de la tige puis le remplissage des graines représentent un investissement massif de sucres, puis de sucres et d'azote qui doit se faire au détriment du reste de la plante, surtout chez les céréales. Chez les céréales, le système racinaire cesse de gagner du poids vers l'épiaison, puis en perd ensuite (Welbank *et al.*, 1974), bien que l'allongement des racines se poursuive en profondeur (Gregory *et al.*, 1978). Dans l'autre sens, les talles reproductrices peuvent fabriquer plus de sucres que les talles végétatives, car elles placent leurs feuilles bien plus haut. Quand les talles reproductrices sont coupées avant floraison et pas trop près du sol, leurs filles en tirent un bénéfice net pour leur croissance et leur persistance (Matthew *et al.*, 1991 ; Matthew, 2002).

Les talles reproductrices sont perdues à la première coupe plus basse que leur apex, ou au plus tard à la maturité de leurs graines. Leur non remplacement direct par une talle fille peut concerner la moitié des talles reproductrices (44 % en *Lolium perenne* chez Lawson *et al.*, 1997), mais l'effet sur la densité de peuplement est généralement très transitoire, surtout en coupes fréquentes (Korte, 1986). Après qu'une coupe à l'épiaison a supprimé les talles reproductrices de peuplements de *Festuca arundinacea*, les zones qui les portaient auparavant sont restées au moins aussi denses que celles qui n'en comportaient pas (Lafarge, 2006).

Contrairement aux céréales où la croissance des grains vide largement la tige fertile (Biscoe *et al.*, 1975 ; Evans et Wardlaw, 1976) et ses talles filles en arrêt de croissance (Chafai El Alaoui et Simmons, 1988), la base des talles reproductrices des graminées prairiales peut conserver des réserves et des bourgeons dormants. C'est le cas dans beaucoup d'espèces comme *Phalaris tuberosa* et les espèces prairiales classiques que sont *Dactylis glomerata*, *Festuca arundinacea* et *Lolium perenne* (voir plus haut p. 63 et, plus bas, p. 102).

La montaison peut placer au-dessus du sol la base d'une ou deux talles filles (Tallowin, 1985) et des talles peuvent naître sur des nœuds déjà montés (Minderhoud, 1980 ; Tomlinson et O'Connor, 2005). De telles positions empêchent les jeunes talles de prendre racine, mais le piétinement ou l'enterrement de la souche de la talle mère (voir plus loin, p. 133) peuvent le leur permettre ultérieurement.

Les différences de précocité de montaison et de sénescence des talles reproductrices entre espèces associées en prairies doivent contribuer aux rapports de concurrence-complémentarité entre elles dans un peuplement plurispécifique (Jackson et Roy, 1986 ; Jonsdottir, 1991).

▸▸ État reproducteur et pérennité

Pérennité biologique

Empiriquement, une plante annuelle meurt à la mauvaise saison après avoir produit des semences. Elle ne perpétue sa lignée que par des descendantes issues de ces semences. Dans cette catégorie de plantes, on peut distinguer celles qui vont obligatoirement mourir après la production des semences de celles qui peuvent survivre ou repousser végétativement dans des conditions particulières, principalement quand la mauvaise saison n'a pas lieu ou quand on leur interdit d'investir toutes leurs ressources dans les semences. La première catégorie peut être qualifiée de « biologiquement annuelle », les autres ne le sont qu'écologiquement ou nutritionnellement.

À l'opposé, les plantes qui maintiennent et renouvellent des axes végétatifs actifs en permanence, en particulier lorsque d'autres axes sont reproducteurs, peuvent être qualifiées de « pérennes », même si elles ne vivent habituellement pas de nombreuses années. C'est une situation courante chez les graminées (voir plus haut). On propose de regrouper sous le terme de « biologiquement pérenne » ces espèces classiquement reconnues comme pérennes et les annuelles qui peuvent survivre à la production de leurs semences.

Chez les graminées, les espèces où une proportion notable de talles restent végétatives dans les cohortes comportant le plus de talles reproductrices sont les plus clairement pérennes. Entre celles-ci et les annuelles, il existe plusieurs cas de figure :
– toutes les talles de certaines cohortes deviennent reproductrices mais d'autres cohortes, en principe plus jeunes, restent entièrement végétatives. Même si ces dernières sont habituellement tuées vers la maturation des graines sur les reproductrices, les plantes sont biologiquement pérennes. Il suffit de meilleures conditions ou d'une destruction des axes reproducteurs pour retrouver une plante complètement végétative ;
– il n'y a pas de talles végétatives à certaines dates mais des bourgeons, jusque-là dormants, en donnent avant la fin de vie des axes reproducteurs. On doit toujours considérer ces plantes comme biologiquement pérennes. Si les bourgeons ne peuvent démarrer qu'après la mort des axes reproducteurs, on se rapproche du type pseudoannuel ;
– toutes les talles qui peuvent naître de bourgeons dormants après la saison reproductrice passent très vite à l'état reproducteur. Une telle espèce peut être considérée comme biologiquement annuelle.

Biologiquement, la pérennité d'une plante se détermine exclusivement par rapport à l'emprise de l'état reproducteur sur ses axes.

Y a-t-il des céréales potentiellement pérennes ?

Chez l'orge de printemps, dépourvue de besoins en induction primaire, même un bourgeon de talle en tout début de croissance engainée (début de 2e phase sur la préfeuille — voir chapitres 2 et 5) peut passer au stade « double ride » dès que sa mère l'a fait (Fletcher et Dale, 1977). Toutes les talles montent, même celles qui meurent avant la moisson (Dofing et Knight, 1992). L'avoine de printemps ne suit pas le même programme. Des plantes élevées sur sable avec une solution nutritive très riche en azote et sans sécheresse épient normalement après quelques semaines en jours longs, mais elles poursuivent leur tallage pendant la maturation des grains (Joffe et Small, 1963). Maintenues en jours longs, ces jeunes talles montent à leur tour, en continu, comme celles du ray-grass italien. Les plantes replacées en jours courts après une récolte ont produit des pousses exclusivement feuillues pendant de nombreux mois. Celles-ci ont, à leur tour, donné une récolte de grains après retour en jours longs (Joffe et Small, 1963). On devrait considérer l'avoine comme biologiquement pérenne…

Sur blé d'hiver, le besoin en induction primaire devrait laisser les talles les plus tardives à l'état végétatif, mais cela n'a jamais été effectivement observé. Les cultures pâturées ou fauchées jusqu'au printemps (Poysa, 1985 ; Scott et Hines, 1991) ne présentent pas ensuite une repousse feuillue, mais un peuplement d'épis à moissonner. Dans ces expériences, en effet, même les coupes les plus tardives avaient été programmées pour respecter les apex des tiges principales. Le nombre final d'épis du blé d'hiver est bien inférieur à son nombre maximal de talles, et même souvent inférieur à son nombre de talles en automne (Shanahan *et al.*, 1985). Ce sont les talles les plus jeunes qui régressent en premier, les talles de rang 5 ou 6 portant une ou deux feuilles. Les dernières talles qui régressent sont plus âgées et pleinement engagées dans le développement reproducteur.

Y a-t-il des graminées prairiales biologiquement annuelles ?

Chez les graminées prairiales exigeantes en induction primaire comme le dactyle, le ray-grass anglais et la fétuque élevée, toutes les talles émises après le milieu de l'hiver restent végétatives (voir ci-dessus, p. 72). En outre, comme on l'a vu, une partie des talles des cohortes aptes à monter en épi sont restées végétatives. Ces espèces sont clairement biologiquement pérennes, quelles que soient par ailleurs la durée de vie de leurs talles à l'état végétatif et la persistance des fragments clonaux. Il en est de même pour le ray-grass italien, qui remonte tout l'été mais qui conserve toujours des talles végétatives et en recrée massivement chaque automne (Gastal et Matthew, 2005). La fléole, dépourvue de besoin en induction primaire et qui fait monter des talles beaucoup plus jeunes que le ray-grass anglais, conserve aussi des talles végétatives dans toute ses cohortes (voir aussi Hill et Watkin, 1975). Elle est biologiquement pérenne, comme les autres.

Les plantes des espèces réputées annuelles meurent habituellement à la sécheresse, après maturation de leurs graines, mais elles sont biologiquement plus contrastées. Chez *Phalaris minor*, de nombreux bourgeons situés à la base des talles reproductrices peuvent démarrer après coupe ou après maturation, quand le sol est maintenu humide. Les talles qui naissent peuvent elles-mêmes donner naissance à des filles, mais les apex de toutes ces talles passent rapidement à l'état reproducteur, et elles montent puis meurent (McWilliam, 1968) ; une telle espèce est biologiquement annuelle. Au contraire, *Bromus tectorum* et *Poa annua* conservent des talles végétatives ou des bourgeons capables d'en produire quand l'humidité est suffisante. Harris (1967) a observé *in situ* des plantes de *B. tectorum* nées à l'automne précédent donner après une première floraison de nouvelles talles en été, talles qui ont elles-mêmes produit des semences, puis une troisième cohorte en automne, laquelle a fleuri au printemps suivant. Un été normalement sec a alors tué les plantes. Till-Bottraud *et al.* (1990) ont comparé en conditions contrôlées des plantes de *P. annua* issues de semences récoltées dans deux zones contrastées d'un parcours de golf : le *green* et le *rough*. À maturité d'une première vague de talles reproductrices, l'écotype récolté sur le *green* présentait 72 % de talles végétatives et l'écotype récolté sur le *rough* en présentait 41 %. Le nombre total de talles avait en outre considérablement augmenté entre le début de floraison et la maturité dans les deux populations. *B. tectorum* et *P. annua* ne sont qu'écologiquement annuelles.

Chapitre 7

Sénescence et mort

▸▸ Sénescence des feuilles

Plafonnement apparent du nombre de feuilles vivantes par talle

Bien que des feuilles apparaissent continuellement sur les talles en croissance (voir chapitre 2), le nombre de feuilles vivantes par talle est réputé constant en période de pleine végétation dans la plupart des espèces dès que l'on s'éloigne d'une coupe :
– environ 3 (Ryle, 1964 ; Davies, 1988) ou plus précisément 2,4 à 3,6 pour le ray-grass anglais (Vine, 1983) ;
– 3 pour la fétuque élevée ;
– 3 à 4 pour le dactyle (Ryle, 1964 ; Duru et al., 1993) ;
– 3 à 4 chez Cortaderia pilosa, espèce de pâture pauvre (Davies et al., 1990) ;
– 4 à 5 chez Zoysia japonica (Dai et Wang, 2005)…

Ceci résulte de l'entrée en sénescence des feuilles les plus anciennes après un délai initial, puis à un rythme voisin du rythme d'apparition (figure 7.1). Sur plusieurs mois et sur des talles restant vivantes à la fin, on ne doit pourtant pas prétendre que les rythmes de naissance et de mort soient parallèles : ils sont plutôt en opposition de phase. La figure 7.2 montre une succession de périodes mensuelles à forts taux de naissances et faibles taux de morts et de périodes où les naissances sont réduites et la mortalité accrue (Janisova, 2007).

Il n'y a pas lieu de supposer un déterminisme direct du nombre de feuilles vivantes. Quand, pour une raison quelconque, un arrêt de croissance se prolonge, cela n'arrête pas la sénescence, et la talle peut se retrouver sans feuille vivante (voir p. 30, et par exemple Ofir, 1975). Le nombre de feuilles vivantes est également plus élevé sur les tiges montantes, par exemple 5 chez le ray-grass anglais au lieu d'environ 3 sur les talles végétatives (Vine, 1983). Contrairement à de nombreux auteurs, il ne nous semble pas judicieux de relier la mort d'une feuille à sa croissance et donc d'exprimer sa durée de vie en temps thermique.

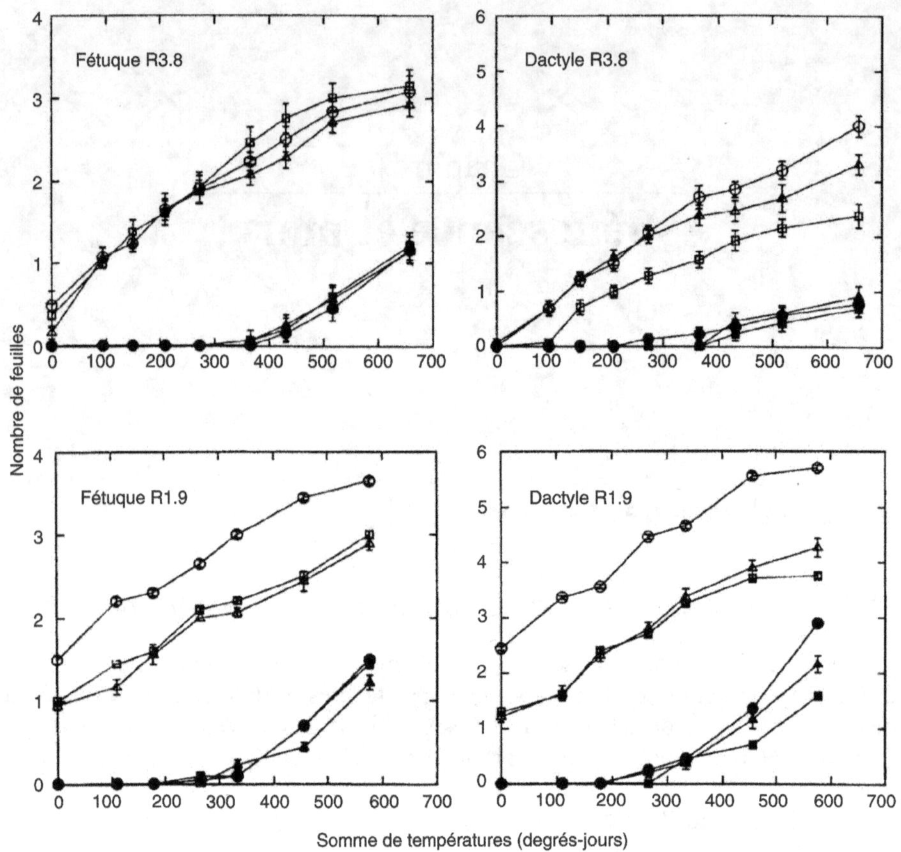

Figure 7.1. Nombre de feuilles apparues et nombre de feuilles sénescentes sur des talles végétatives de différentes grosseurs en fétuque élevée et en dactyle au cours de deux repousses en fonction du temps thermique. D'après la figure 2 de Duru *et al.*, 1993.

Les symboles blancs signalent les feuilles apparues et les noirs les feuilles entrées en sénescence. Les ronds correspondent aux grosses talles, les triangles aux moyennes et les carrés aux talles fines. En fétuque élevée, les talles ont été considérées comme grosses au-dessus de 3 mm de diamètre et les fines, en dessous de 1,5 mm. En dactyle, les grosses talles ont une grande largeur de gaine supérieure à 5 mm et les fines, inférieure à 2 mm. Les talles moyennes sont intermédiaires entre ces seuils.

R3.8 signale une repousse d'été (3e repousse de 1988) et R1.9 une repousse de printemps (1re repousse de 1989).

On remarquera l'échelle verticale différente pour la fétuque (0 à 4 feuilles) et pour le dactyle (0 à 6 feuilles), alors que l'observation s'étend sur la même durée. Le phyllochrone des fétuques observées est d'environ 250 degrés-jours, et celui des dactyles d'environ 190 dj.

Déroulement de la sénescence

Sauf maladie ou blessure, la sénescence commence par la pointe du limbe de la feuille vivante la plus ancienne (figure 7.3) puis gagne l'ensemble de sa surface. La dégradation de la chlorophylle précède le dessèchement des tissus. Le plus souvent,

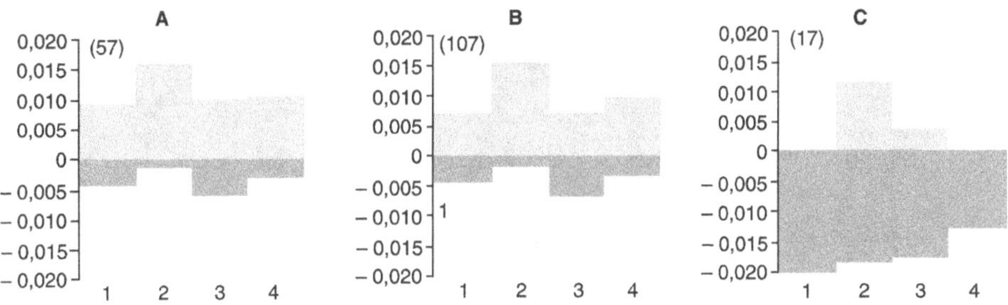

En nombre moyen de feuilles par talle et par jour :

Rythme de naissance   Rythme de mort

Figure 7.2. Rythmes de naissance et de mort des feuilles sur les talles baguées de *Festuca pallens* au cours de quatre périodes successives dans le site le moins sec des deux observés par Janisova, 2007. Extrait de sa figure 1.

Entre parenthèses : effectif des talles observées.

A : naissances et morts de feuilles sur talles vivantes en fin d'observation ; talles portant des talles filles. **B** : naissances et morts sur talles vivantes en fin d'observation mais ne portant pas de talles filles. **C** : naissances et morts de feuilles sur talles mourantes en fin d'observation.

1 : du 16 mai au 6 juin ; 2 : du 6 au 28 juin ; 3 : du 28 juin au 21 juillet ; 4 : du 21 juillet au 16 septembre.

une seconde feuille entre en sénescence avant que le limbe de la première ne soit complètement mort. Dans certaines études comme celle de Duru *et al.* (1993), une feuille est considérée comme sénescente dès que son limbe n'est plus complètement vert. Dans d'autres, comme celles de Ryser et Urbas (2000), c'est la mort qui est notée, et la feuille n'est considérée comme morte que quand son limbe est complètement brun. Les gaines peuvent entrer en sénescence avant que le limbe ne soit complètement mort (figure 7.3).

Durée de vie des feuilles et caractères des tissus foliaires

La durée de vie des feuilles est difficilement comparable entre études, pour des raisons méthodologiques. Outre les différences d'appréciation de la sénescence ou de la mort, la naissance d'une feuille peut être enregistrée dès qu'elle pointe de quelques millimètres (Duru *et al.*, 1993) ou seulement quand sa ligule est visible (Ryser et Urbas, 2000).

Ryser et Urbas (2000) ont comparé en pots placés à l'extérieur une trentaine d'espèces de graminées pour la durée de vie de leurs feuilles et divers traits foliaires. Les durées de vie vont d'environ 35 jours pour *Lolium perenne, Poa trivialis, Holcus lanatus* et *Dactylis glomerata* à environ 110 jours pour *Briza media* et *Deschampsia caespitosa*. Les feuilles vivent d'autant plus longtemps que la teneur en matière sèche de leurs limbes frais est forte ou que leur surface massique sèche (m^2/kg de poids sec ; en anglais, « SLA* ») est faible. Globalement, des tissus denses sont persistants, mais la variabilité résiduelle de cette relation est forte.

Figure 7.3. Exemple de sénescence des feuilles sur une talle de dactyle portant 7 feuilles. Les parties mortes sont révélées en blanc après traitement de la photo (photo M. Lafarge).

On distingue clairement les tissus verts des tissus morts. Outre la préfeuille et les feuilles 1 et 2, la feuille 3, dont le limbe est à l'extrême gauche de la photo, est complètement morte. La feuille 4, au dessus de la 2, montre un limbe plus qu'à moitié mort et une gaine largement sénescente. La feuille 5, collée à la 3, montre un début de sénescence à la pointe et vers la blessure du milieu du limbe. La 6 est complètement verte, alors que la 7 n'est pas encore adulte.

Par ailleurs, des plantes enrichies en azote ne présentent pas des durées significativement différentes de vie des feuilles, que ce soit en ray-grass anglais (Vine, 1983) ou en fétuque rouge (Pärtel et Wilson, 2001).

Variation de la durée de vie des feuilles selon leur date de naissance

Sur graminées tropicales en savanes, les cohortes mensuelles de feuilles nées au cours de la saison des pluies restent vivantes nettement plus longtemps que celles nées en saison sèche, même quand ces dernières passent une bonne partie de leur vie en conditions humides (Fournier, 1983). La durée médiane de vie des feuilles de la cohorte la plus durable se situe entre 80 et 120 jours, selon les espèces.

Sur *Lolium perenne* en petites parcelles, en Écosse, des talles baguées observées 2 ou 3 fois par semaine pendant plus d'un an révèlent une distribution bimodale des durées moyennes de vie des cohortes de feuilles (Vine, 1983) : les feuilles nées au cours des 10 semaines de début juin à début août vivent une soixantaine de jours, alors que celles qui sont nées entre mi-septembre et début janvier ont une durée de

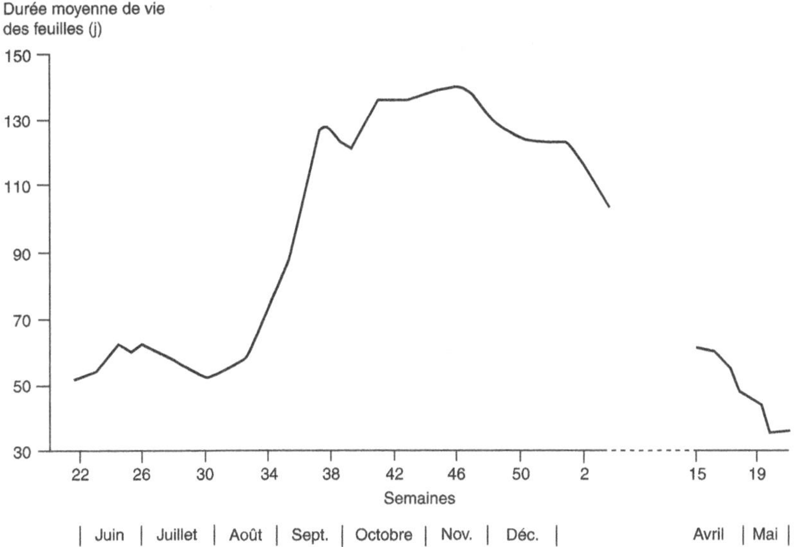

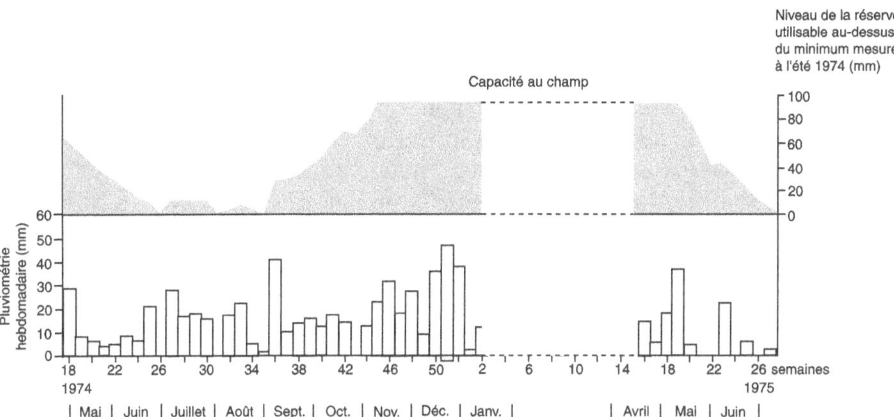

Figure 7.4. Durées de vie des feuilles de *Lolium perenne* poussant au champ en Écosse, en fonction de la semaine où elles ont apparu. D'après les figures 3 et 1c de Vine, 1983.

En bas : les barres figurent la pluviométrie hebdomadaire (échelle de gauche), et la zone grisée le niveau de la réserve en eau du sol au-dessus du niveau le plus faible enregistré au cours de l'été 1974. (échelle de droite). Les périodes où la végétation ne pouvait satisfaire la demande climatique étaient approximativement celles où cette réserve était inférieure à 40 mm.

vie d'environ 130 jours (figure 7.4). L'expression du temps en degrés-jours augmenterait les durées de vie des feuilles nées en début d'été et réduirait sensiblement celles des feuilles nées en début d'hiver, mais elle ne ferait pas disparaître le doublement de durée observé entre les naissances de début août et celles de début septembre.

On peut noter qu'il n'y a pas eu de périodes sèches limitant la transpiration à partir de début septembre, alors qu'elles ont été fréquentes de mai à août (figure 7.4).

Causes environnementales de la sénescence des feuilles

On s'attend à ce que le milieu réduise la durée de vie des feuilles relativement à leur potentiel. L'azote n'a pas d'effet sensible (voir ci-dessus). *In situ*, l'indice foliaire en début de période d'observation semble déterminant pour la vitesse de sénescence, comme l'ont observé Hennessy *et al.* (2008) sur des talles baguées de *Lolium perenne* en prairies pâturées en Irlande. Ces auteurs ont obtenu une gamme d'indices foliaires (LAI) décroissant de plus de 5,5 à 2 ou moins par différentes dates de sortie des animaux en septembre-octobre. Pendant 100 jours d'automne-hiver, alors que la croissance n'avait jamais cessé (climat océanique), la sénescence a dépassé 10 mm de limbe par talle et par jour là où le LAI* était maximal en début de période, alors qu'elle n'a été que de 2-3 mm par talle et par jour là où le LAI était minimal au début des observations. L'ombrage n'est peut être pas seul en cause dans un tel comportement, mais il a certainement un effet direct, comme l'ont montré les résultats d'Ong et Marshall (1979). Ces auteurs ont observé de jeunes plantes de *L. perenne* en conditions contrôlées : alors que le reste de la plante restait éclairé, l'ombrage de talles individuelles a provoqué une sénescence accélérée par rapport aux témoins, très nette au bout de 35 jours d'ombrage (figure 7.5).

Sept jours après la mise en expérience, il n'y a guère plus de 3 feuilles émergées sur les talles T1, qu'elles soient ombrées ou non. Après 21 jours, il y a 5,6 feuilles émergées sur toutes ces talles, dont 2 mortes sur les talles ombrées et approximativement 1,2 sur les témoins. À 28 jours, le nombre total de feuilles émergées a cessé d'augmenter sur les talles ombrées (5,6) alors qu'il continue de croître sur les témoins. Au dernier jour, le nombre total de feuilles émergées s'est réduit sur les talles ombrées (4,8) alors qu'il a continué de croître sur les témoins. À cette date, le nombre de feuilles vivantes est tombé à environ 1,5 sur les talles ombrées alors qu'il est de près de 5 sur les témoins. La baisse finale du nombre total de feuilles émergées sur les talles ombrées signale des pertes de feuilles mortes. Il y a sans doute arrêt de croissance sur ces talles à partir du jour 21, bien que leur apex demeure actif jusqu'à la fin (augmentation du nombre d'ébauches foliaires). Même si on peut admettre que les 3 feuilles présentes à la mise en expérience ont dû mourir avant la dernière observation dans tous les traitements, les talles ombrées portaient 2,6 feuilles en plus lors de leur arrêt de croissance (5,6 − 3 = 2,6), vers le jour 21. Deux semaines après, il n'y en a plus que 1,5 de vivante. La sénescence s'est accélérée, malgré la possibilité d'un soutien en sucres par le brin maître et les talles sœurs.

La sénescence estivale des repousses feuillues semble aller de soi dans certaines études, même en fétuque élevée (Feldhake et Glenn, 1997), mais peu de comparaisons existent entre conduites en irrigation et en déficit hydrique pour les surfaces vertes et sénescentes. Au Canada, sur des parcelles de 3 espèces coupées 2 fois par an, soit protégées de la pluie soit arrosées selon les besoins de fin mai à fin août, Bittman *et al.* (1988) ont observé au 15 août des différences importantes d'effet de la sécheresse sur la sénescence des feuilles des talles végétatives selon les espèces : *Bromus inermis*, sans surface sénescente en irrigué, en présente très peu en

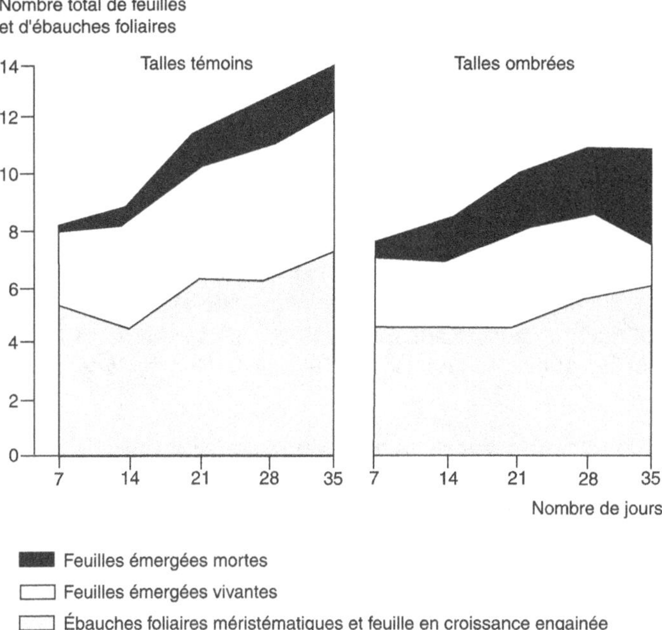

Figure 7.5. Nombre de feuilles émergées vivantes et mortes sur la talle de première feuille de jeunes plantes de *Lolium perenne*. Extrait de la figure 2 d'Ong et Marshall, 1979.

Les plantes élevées en pots en chambre de culture reçoivent 40 W/m^2 pendant 14 h/jour sur toute la durée de l'expérimentation. Quand la talle T1 a fait émerger 3 feuilles, elle est ombrée par un tube vert sur la moitié des plantes. Les feuilles des talles ombrées reçoivent 3 W/m^2 de rayonnement actif pour la photosynthèse, alors que le reste de la plante et les témoins continuent à recevoir 40 W/m^2.

sécheresse, *Leymus angustus* porte environ 10 % de surface sénescente en irrigué et 20 % en sécheresse, tandis qu'*Agropyron cristatum* montre 50 % de surface sénescente en sécheresse pour à peine 5 % en irrigué.

De jeunes peuplements de *Lolium perenne* en bacs et en serre non chauffée ont été soit arrosés suivant les besoins, soit laissés à sécher pendant 57 jours à partir du 8 juillet (Thomas et James, 1999). Au jour 51 après l'arrêt de l'arrosage, la vitesse d'expansion des limbes reste d'à peu près 25 mm/j, la même qu'en conditions hydriques non limitantes, mais on observe 1,03 feuille morte sur les 3,15 que portent les talles en moyenne, alors qu'il n'y en a aucune en conditions arrosées à cette date. Quelques jours après, au jour 57, la vitesse d'allongement des limbes vivants est tombée à 0,5 mm/j et le nombre de feuilles mortes atteint 1,70, alors qu'il n'y en a toujours aucune en conditions arrosées. On pourrait dire que deux phases se distinguent dans l'effet de la sécheresse sur la sénescence des feuilles : tant que la talle est en croissance, l'effet existe, mais il est faible (équivalent à 0,02 feuille/j dans cette étude) alors que, quand la croissance a cessé, la sénescence augmente brutalement (au moins 0,11 feuille/j sur la base de ces résultats, si la croissance a cessé juste après la mesure au jour 51).

Une espèce de steppe méditerranéenne de type « opportuniste » comme l'alfa (*Stipa tenacissima*) maintient en revanche tout l'été une importante surface verte, alors que ses talles sont en arrêt de croissance de juin à octobre, sauf orage. Il reste 50 à 60 % de la surface verte printanière juste avant la reprise de croissance automnale (Haase *et al.*, 1999).

Un effet direct des conditions hivernales sur la sénescence des feuilles des graminées tempérées est par contre difficile à soutenir : les blés restent bien verts en hiver… Dans le cas général, la sénescence des couverts prairiaux que l'on observe à cette saison pourrait être due à l'arrivée au terme normal de leur vie des feuilles nées précédemment (au bout d'un certain nombre de jours), alors que la baisse des températures ralentit considérablement l'émission des nouvelles feuilles : voir par exemple les observations de Thomson (1974) sur *Lolium perenne*.

Saisonnalité, sans effet environnemental direct

Grant *et al.* (1996) ont observé la vitesse d'allongement et la vitesse de sénescence des feuilles de *Nardus stricta*, une graminée cespiteuse de zones pauvres, acides et froides, dans un peuplement naturel en Écosse où il n'y avait vraisemblablement pas de sécheresse estivale marquée. La croissance moyenne des feuilles par talle a augmenté de mai à juillet, puis a décru régulièrement jusqu'en octobre où elle est devenue presque nulle. La sénescence, très faible jusqu'à fin juin, a augmenté alors doucement, puis brutalement à partir de mi-août pour s'établir à un niveau élevé jusqu'à mi-octobre. On a l'impression d'une « saison de croissance » et d'une « saison de sénescence », sans raison claire pour ce qui est des températures ou de la sécheresse. Une durée limitée de vie des feuilles jointe à une absence de leur renouvellement en automne rendrait bien compte de ces observations.

Le faciès de paillasson sec qu'on observe souvent en hiver résulterait alors de l'arrêt général de l'émission de nouvelles feuilles très tôt en automne. Interprété ainsi, un tel comportement ne pourrait être dû qu'à une vraie dormance hivernale (voir plus haut, p. 32).

▸▸ Durée de vie et capacité de renouvellement des racines

La figure 7.6, reprise de la synthèse d'une série d'observations faites sur cultures expérimentales de *Lolium perenne* en Angleterre (Garwood, 1967), montre des durées de vie de 2 à 6 mois pour les racines de cette espèce, selon leur mois de naissance. Les cohortes nombreuses — février, mars et août — ont des durées de vie faibles, de 2 à 3 mois. Les cohortes d'avril à juillet, à effectifs très maigres, ont des durées de vie aussi limitées. Celles de septembre à novembre puis celle de janvier durent plus longtemps, parfois jusqu'à 6 mois. Il n'y a pas d'émission de racines en décembre.

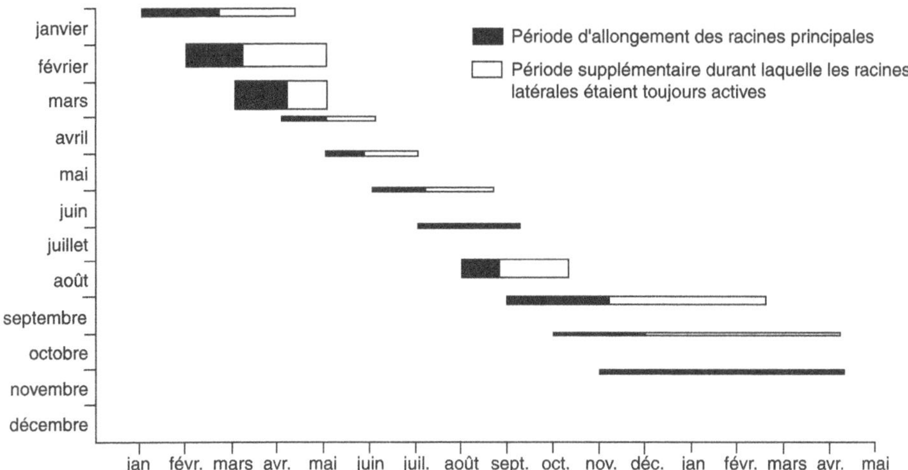

Figure 7.6. Périodes d'élongation et de persistance de cohortes mensuelles de racines de *Lolium perenne* au champ en Grande-Bretagne. D'après la figure 2 de Garwood, 1967.

La largeur des barres est proportionnelle au nombre de racines primaires de la cohorte. Les racines sont persistantes tant qu'au moins une partie de leurs ramifications reste blanche.

La période d'élongation des racines primaires constitue souvent la moitié de la durée de vie de la cohorte. Elle en représente moins de la moitié dans les cohortes d'août à octobre et plus de la moitié pour celle de mars. La période de vie d'une cohorte commence donc par une phase d'allongement des racines primaires et se termine par une phase de persistance d'extrémités blanches.

Contrairement aux dicotylédones, il n'y a pas chez les graminées de ramification indéfinie des racines, et leur renouvellement suppose l'émission de nouveaux axes primaires à partir des nœuds des talles. En conditions normales, les cohortes se chevauchent et il y a à peu près toujours des racines fonctionnelles d'âges variés (figure 7.6). Quand les conditions empêchent l'émission de nouvelles racines primaires, la survie de la plante repose sur la durée de vie et une éventuelle stimulation du renouvellement des ramifications secondaires. En pots, on peut bloquer l'émission de racines primaires en plaçant la base des talles en conditions totalement sèches (Troughton, 1981). La survie de plantes élevées dans ces conditions diffère beaucoup entre espèces. Chez *Lolium perenne*, où la comparaison est possible, la durée de survie des plantes correspond assez bien aux durées maximales de vie des cohortes de racines primaires (figure 7.6). La ramification secondaire ne se poursuivrait pas au-delà de la fin d'élongation des primaires et ne serait pas stimulée par l'absence d'émission de nouvelles primaires. Chez *Dactylis glomerata*, en revanche, une médiane de 2 ans et demi pour la durée de survie de plantes n'émettant plus de racines primaires alors que la durée moyenne de vie des feuilles est de l'ordre de 1 à 2 mois (voir figure 7.1) fait penser à un important renouvellement des ramifications secondaires sur chaque axe primaire survivant.

▸▸ Mort des talles

Destructions et mort naturelle

Quand la résistance des tissus foliaires à la traction (voir chapitre 3) dépasse celle de l'ancrage par les racines, la talle peut être arrachée par un animal qui broute. Dans une prairie semée de ray-grass anglais en 2e année d'exploitation par pâturage bovin continu, Tallowin (1985) a compté à quatre reprises en été les talles récemment arrachées gisant au sol. Quand la prairie était gérée à 2,5 cm de hauteur d'herbe, on observait à peu près 10 talles arrachées par m² et par semaine, alors qu'il y en avait 20 à 25 quand elle était gérée à 7,5 cm. La densité totale de talles n'est pas connue en pâturage ras, mais elle dépassait encore 23 000 talles/m² en gestion à 7,5 cm, soit une perte de 1/1 000 par semaine, ce qui est négligeable. En pâturage rotatif, en revanche, les observations de Thom (1991) montrent l'arrachage de 1 à 2 % des talles marquées après chaque passage des animaux.

Les larves mineuses, les limaces et les petits rongeurs peuvent aussi détruire les talles, mais le relevé systématique de ces destructions est très rare. En ray-grass anglais de 2 ans, Ong *et al.* (1978, voir leur figure 2) ont compté très peu de talles mortes en avril, la majorité à cause de larves mineuses. En mai, les talles tuées quadruplent alors que les dégâts de larves ont baissé ; les destructions par limaces et rongeurs sont importantes, mais moins que les morts « autres », c'est-à-dire naturelles. En juin, les destructions d'apex diminuent et les morts « autres » sont 5 fois plus importantes. En juillet, les destructions remontent mais les morts naturelles se multiplient.

Dans l'ensemble des observations disponibles, la mort naturelle est largement plus importante pour la dynamique d'une population de talles que les destructions parasitaires ou l'arrachage. Bien entendu, une talle montante est condamnée à être détruite lors de la prochaine coupe plus basse que son apex.

Destin des cohortes et durées maximales de vie des talles

Les observations systématiques de Robson (1968) sur *Festuca arundinacea* montrent des durées individuelles de vie très variables entre talles, même nées à peu près au même moment. Les talles vivent de quelques jours à presque 2 ans dans cette espèce (figure 7.7). La période de naissance a une grande importance pour la probabilité d'épiaison à la première saison reproductrice (voir plus haut, chapitre 6) et la fréquence des morts à l'état végétatif à telle ou telle date (figure 7.7). En l'absence de coupe, la talle reproductrice va mourir au plus tard à échéance du remplissage de ses graines. La baisse d'effectif d'une cohorte peut être régulière, mais il y a souvent des rythmes saisonniers de mort et le temps d'extinction d'une cohorte change notablement avec sa saison de naissance (voir par exemple, pour *Lolium perenne*, Korte, 1986 ; Bahmani *et al.*, 2003).

Le délai maximal pour l'extinction d'une cohorte révèle la durée potentielle de vie des talles de l'espèce. Celle-ci serait ainsi de :
− 1 an ou à peine plus pour Lolium perenne (Korte, 1986 ; Bahmani et al., 2003) et Miscanthus sinensis (Kobayashi et Yokoi, 2003b ; Hirata et al., 2007), malgré la différence de format de talle entre ces espèces ;

– 2 ans pour Festuca arundinacea (Robson, 1968) ;
– 3 ans pour Agrostis stolonifera (Jonsdottir, 1991) ;
– 4 à 5 ans pour Festuca rubra (Jonsdottir, 1991 ; Hara et Herben, 1997) ;
– 5 à 6 ans pour Festuca pallens (Janisova, 2006).

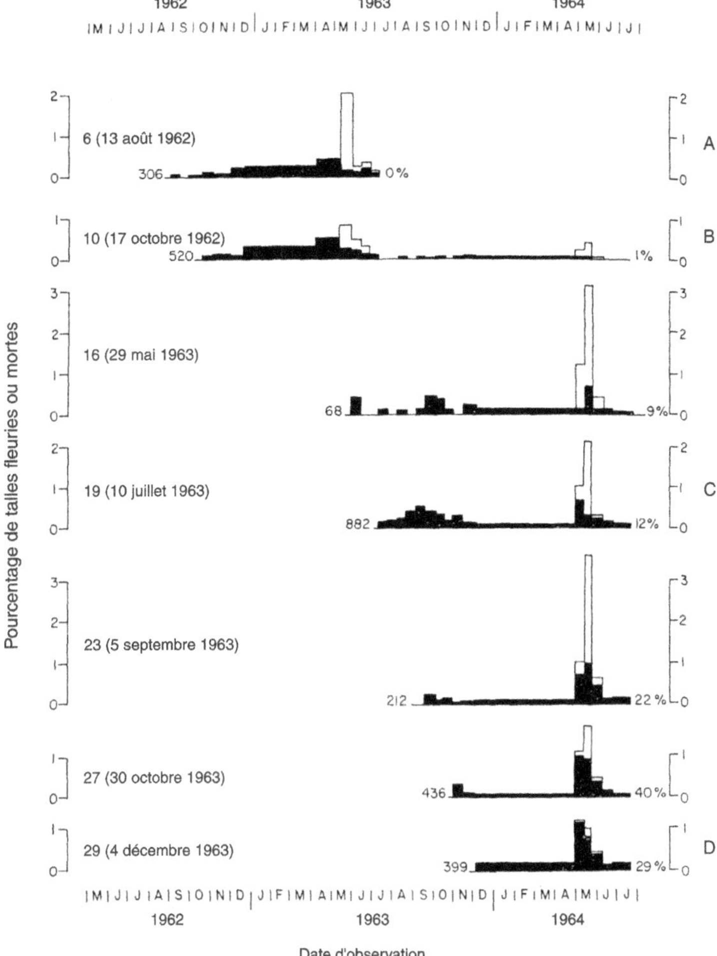

Figure 7.7. Pourcentage des talles d'une cohorte qui meurent ou fleurissent par jour des périodes indiquées en abscisse, pour 7 cohortes groupant les naissances sur 15 jours et baguées aux dates indiquées. Plantes isolées de *Festuca arundinacea* élevées en conteneur à l'extérieur. D'après la figure 4 de Robson, 1968.

Le nombre à gauche de la première occurrence de mort est l'effectif initial de la cohorte et le pourcentage à droite est la proportion survivante à la dernière observation.

A. Cohorte de mi-août : toutes les talles sont mortes avant 1 an. **B.** Cohorte de mi-octobre : étalement des morts sur 2 ans, avec épiaisons en 2e année. **C.** Cohorte de début juillet : vague de morts précoces, en été-début d'automne. **D.** Cohorte de début décembre : morts massives au 1er printemps, presque sans épiaison.

Conditions climatiques, éclairement et alimentation des plantes, taille et âge des talles

La sécheresse comme le gel peuvent tuer une proportion importante des talles présentes en début de période défavorable, mais ces dégâts sont réduits quand la base des plantes a une teneur élevée en sucres solubles (Volaire *et al.*, 1998 ; Hanslin et Höglind, 2009).

De jeunes plants de *Lolium perenne* élevés jusque-là en conditions favorables font mourir toutes leurs talles en 5 semaines quand leur éclairement est réduit à 2,5 % de ce qu'il était auparavant. En pleine lumière, des plantes semblables nourries sans limitation ne font mourir aucune talle en 7 semaines d'observation, alors que près de la moitié de celles dont l'alimentation minérale a été réduite à 10 % ou supprimée portent des talles mortes à cette échéance (figure 7.8). Comme les réserves en sucres, l'éclairement est directement déterminant pour la survie, à cause de la compensation des besoins respiratoires. Une alimentation azotée limitante doit plutôt mettre une partie des talles en situation défavorable.

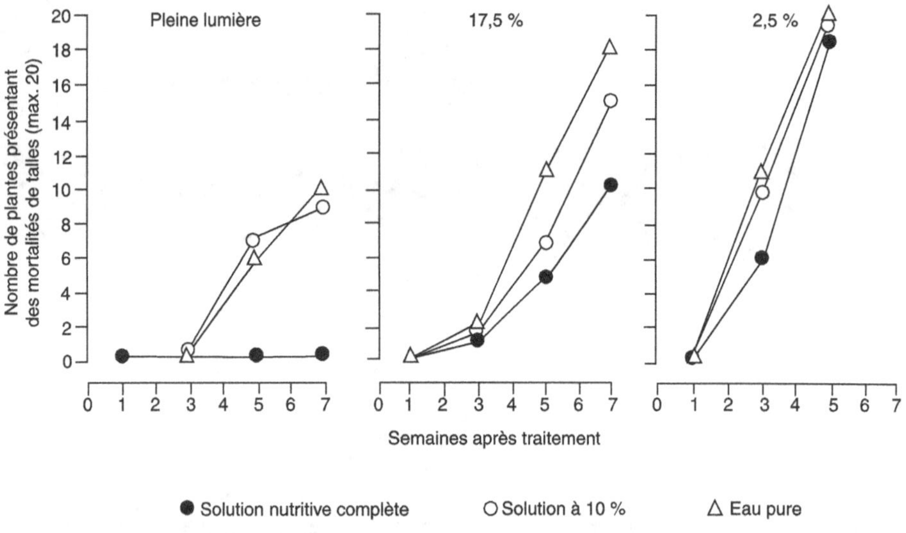

Figure 7.8. Effets d'alimentations minérales et d'éclairements plus ou moins restreints sur l'apparition de talles mortes sur de jeunes plantes de *Lolium perenne*. D'après la figure 4 de Ong, 1978.

Des plantules ont été élevées pendant 7 semaines sur sable avec une solution nutritive standard, en serre chauffée avec un éclairage renforcé, puis séparées en 9 lots.

Ce sont les talles les plus petites qui meurent le plus massivement quand le couvert se ferme. Parsons *et al.* (1984) ont marqué des talles de *Lolium perenne* de différentes classes de longueur au moment de la mise en défens de prairies conduites jusque-là en pâturage ovin continu à un LAI proche de 1. Après 30-40 jours de repousse ayant accru le LAI jusqu'à 6 ou plus, toutes les talles de la classe « moins de 2 cm » étaient mortes, et la moitié de celles qui mesuraient au début entre 2 et 4 cm, tandis qu'aucune des plus grandes talles (classe 6-8 cm) n'était morte. Chez *Festuca rubra*, les petites talles survivent nettement plus mal que les grosses au cours de leur première année de vie (Hara et Herben, 1997). L'effet « taille » s'interprète bien par un passage des talles les plus petites à l'ombre des plus grandes.

Sur de jeunes plantes de *Lolium perenne* élevées en conditions favorables jusqu'à 7 talles puis privées d'alimentation minérale ou moyennement ombrées, Ong (1978) a noté que ce sont les talles portant moins de 3 feuilles — celles qui n'avaient pas encore de racines propres — qui mouraient en premier, quelle que soit leur position dans le bouquet que forme la plante. L'ombrage individuel ne peut pas être invoqué directement. On peut en revanche supposer que ces talles, mal soutenues par le reste de la plante soumise à un stress, se sont retrouvées en arrêt de croissance (voir chapitre 2, p. 30, et ci-dessous).

Relation de la mort à l'arrêt individuel de croissance

Quand l'émission des feuilles sur les talles individuelles est enregistrée périodiquement, on constate le ralentissement de sa vitesse moyenne puis son arrêt complet dans la population de talles qui va mourir. On l'observe facilement sur céréales (figure 7.9 — Davidson et Chevalier, 1990).

Les talles qui vivent jusqu'à la fin émettent leurs feuilles linéairement jusqu'à la feuille « drapeau », la dernière avant l'épi. Les T1 qui épient portent en moyenne 5,5 feuilles et les T3 5 feuilles. L'épiaison a lieu vers le jour 75. Les talles T1 qui vont mourir émettent leurs deux premières feuilles au même rythme que leurs homologues qui vont épier, puis la vitesse moyenne d'émission ralentit et sa variabilité augmente, ce qui signale des différences d'arrêts de croissance entre individus. Ces talles auront émis un peu moins de 3 feuilles avant de mourir, une dizaine de jours avant l'épiaison de leurs homologues. Les talles T3 qui vont mourir n'émettent que leur 1re feuille à peu près en même temps que leurs homologues qui vont épier. Dès l'observation suivante, l'émission est ralentie et la variabilité très élevée. L'arrêt de croissance sur toute la population survient à peu près en même temps que sur les T1 mais avec un peu moins de 2 feuilles.

Sur *Festuca pallens*, une cespiteuse de zones pauvres, Janisova (2007) a observé que les talles qui allaient mourir en automne avaient émis très peu de feuilles en été et n'en avaient émis aucune en dernière période avant leur mort, ce qui signale une situation d'arrêt individuel de croissance (voir figure 7.2). En prairies naturelles diversement pâturées, les talles de *Lolium perenne* sévèrement défoliées meurent massivement en fin de printemps (Chapman *et al.*, 1984). Dans les heures qui suivent la défoliation, on pourrait admettre que l'absence de surface fabriquant du sucre équivaut à un effet direct d'ombrage, mais les feuilles juvéniles sont en croissance continue (voir chapitre 3), ce qui reconstitue très vite une petite surface verte au prix d'un investissement minime en matériaux. C'est la mobilisation des réserves sur l'ensemble du fragment clonal en faveur des talles défoliées qui conditionne leur repousse. Si ce soutien n'est pas une priorité, les talles défoliées se retrouveront en arrêt de croissance.

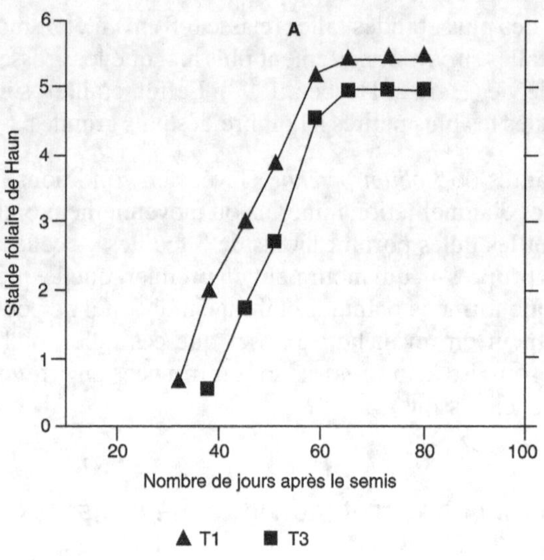

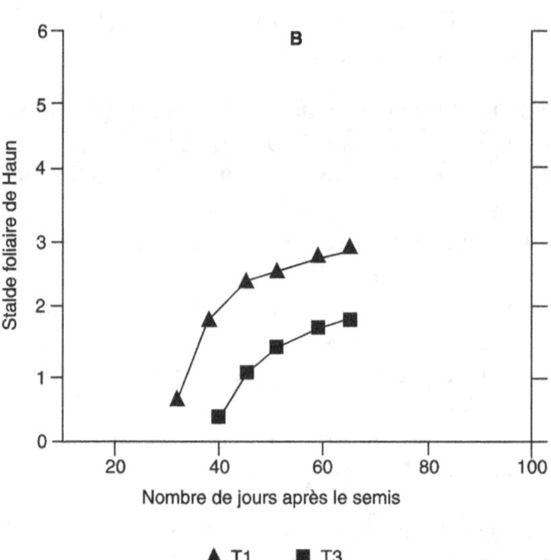

Figure 7.9. Évolution du nombre de feuilles sur deux populations de talles homologues dans un même peuplement de blé de printemps, selon que ces talles arrivent à floraison (diagramme du haut) ou « régressent », c'est-à-dire meurent avant la fin des observations (diagramme du bas). D'après la figure 1.a et c de Davidson et Chevalier, 1990.

L'indice de Haun (1973) est le nombre de feuilles adultes plus une valeur entre 0 et 1 codée pour la feuille émergée en croissance.

Qu'il soit dû à une acquisition insuffisante d'azote ou de sucres et/ou à l'absence de soutien de la part des talles les mieux placées, l'arrêt individuel de croissance va rapidement aggraver l'ombrage que subit la talle concernée. Selon la stratégie de l'espèce, la prolongation de l'arrêt de croissance peut imposer plus ou moins vite à la talle concernée de devenir une source de sucres et d'azote pour les talles encore en croissance (Chafai El Alaoui et Simmons, 1988), ce qui lui interdira toute reprise, même si les conditions s'amélioraient brutalement, et précipitera son incapacité à assurer une respiration de survie.

La mort d'une talle peut ne survenir qu'après un certain temps d'arrêt de croissance. En conditions contrôlées, l'ombrage individuel sévère de talles de *Lolium perenne* à une seule feuille (Ong et Marshall, 1979) ne les a tuées qu'après quelques semaines de survie en arrêt de croissance (fig. 7.10).

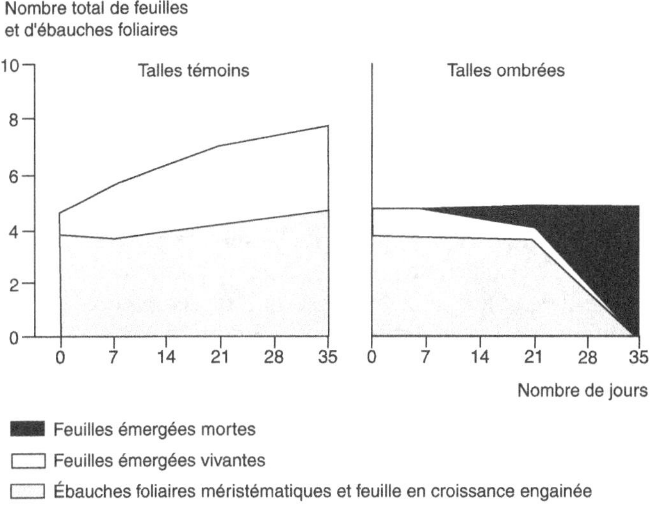

Figure 7.10. Nombre de feuilles émergées vivantes et mortes sur de très jeunes talles de plantes de *Lolium perenne* âgées de 7 semaines (49 jours) en début d'expérience, selon que ces talles ont ou n'ont pas été ombrées à partir de l'émission de leur 1re feuille. Extrait de la figure 6 de Ong et Marshall, 1979.

En abscisse, le nombre de jours depuis la mise en expérience, et en ordonnée le nombre de feuilles ou ébauches portées par la talle.

Les plantes élevées en pot en chambre de culture ont reçu 70 W/m² de rayonnement actif pour la photosynthèse (PAR) pendant toute la période d'élevage, puis 13 W/m² à partir du début de l'expérience. À partir de ce moment-là, une talle à une feuille est ombrée par un tube vert sur la moitié des plantes. La surface assimilatrice des talles ombrées doit recevoir à peine 1 W/m² de rayonnement actif pour la photosynthèse. Le reste de la plante et les témoins reçoivent 13 W/m².

Au jour 0, les talles ombrées comme les témoins portent bien 1 feuille. Une semaine après, les témoins ont émis une 2e feuille alors que les talles ombrées sont restées à 1 feuille. Au jour 21, les talles témoins portent en moyenne près de 3 feuilles, toutes vivantes, alors que les talles ombrées n'en portent toujours qu'une, morte sur les ¾ des individus. Deux semaines après (jour 35) les talles ombrées ne portent plus que des structures mortes. Le nombre de feuilles sur les témoins n'a pas augmenté, mais elles sont toutes vivantes et l'apex demeure actif.

Dans ces conditions d'éclairement réduit, la croissance des talles témoins cesse vers le jour 21. Les talles ombrées voient leur croissance bloquée dès le début de l'expérience. Elles survivent pendant ces trois semaines, puis meurent. Il est possible que l'éclairement préexpérimental ait permis le maintien de la croissance sur toutes les talles, même les plus faibles, pendant un certain temps dans la mesure où elles étaient toutes éclairées au même niveau, même réduit. L'ombrage quasi total de talles non sevrées les a en revanche sans doute privées de tout soutien dès le début des conditions défavorables. Les éventuelles réserves préexpérimentales ont dû aller soutenir la croissance des talles les moins mal placées.

▸▸ Les souches des talles mortes et leurs fonctions

Morphologie, racines et bourgeons

Une talle morte a perdu son apex, c'est-à-dire son dôme apical et l'ensemble des phytomères méristématiques que celui-ci surmontait. Elle est devenue une « souche de talle ». Une souche se compose d'un ou plusieurs tronçons court-noués séparés par des entrenœuds allongés. Le diamètre des nœuds varie peu dans un tronçon court-noué, mais peut différer beaucoup entre ceux-ci. Une souche peut être implantée sur une autre souche, ou présenter une base en décomposition. Les souches d'anciennes talles reproductrices se repèrent facilement par un chaume coupé à leur extrémité supérieure.

Sur une souche nettoyée, on localise aisément les insertions des filles devenues adultes et on peut y voir de petites souches de filles mortes avant sevrage. Toute l'histoire de la talle est lisible *a posteriori*.

Beaucoup de souches ne portent que des racines nécrosées ou n'en portent plus aucune. La durée de vie limitée des racines (voir p. 92) implique que les souches de talles mortes ne restent pas longtemps pourvues de racines vivantes. Chez *Phalaris aquatica*, pourtant, il semble que les racines portées par les souches de talles reproductrices persistent plus d'un an (Cullen *et al.*, 2005a).

La présence de talles jeunes implantées relativement bas sur des souches (figure 7.11) implique que des bourgeons dormants persistent longtemps. Le démarrage de bourgeons portés par des souches de talles mortes, végétatives ou reproductives, a été signalé par Biddiscombe *et al.* (1977) chez *Dactylis glomerata*, *Festuca arundinacea* et *Lolium perenne*.

Les souches sont des « tiges connectantes »

La principale fonction des souches des talles mortes est de maintenir une connexion entre leurs talles filles. Elles constituent des *connective stems* au sens de Brock *et al.* (1996). À part les talles qui n'ont pas émis de filles qui soient parvenues à l'âge du sevrage, toutes les talles qui meurent deviennent des souches connectantes, qu'elles soient restées végétatives ou qu'elles soient passées à l'état reproducteur. Les souches connectantes existent dans toutes les espèces de graminées, à part peut-être certaines annuelles.

Rien ne garantit qu'une connexion morphologique assure effectivement des échanges de matériaux dissous ou d'hormones, mais cette fonctionnalité est très vraisemblable tant que les tissus de la souche sont en bon état. Le temps de persistance des souches (inverse de leur vitesse de nécrose) est déterminant pour la complexité des fragments clonaux dans le peuplement (voir plus loin, p. 104), et donc pour la structure de ce peuplement en « plantes » indépendantes.

Figure 7.11. Démarrage d'un bourgeon ancien ayant persisté sur une souche de dactyle. Photo M. Lafarge.

À gauche, une jeune talle qui a démarré (et allongé deux entrenœuds végétatifs) à partir du bas d'une talle morte. Quand elle était encore vivante, cette mère avait donné naissance beaucoup plus haut à une fille sans doute reproductrice et maintenant morte, puis à deux talles encore vivantes. Ces trois talles-filles anciennes sont visibles en haut, autour du moignon terminal plus noir qui est le haut de l'ancienne mère. La reproductrice morte est juste à côté de la zone basale des feuilles de la toute nouvelle talle, et les talles vivantes sont plus en arrière.

Les lignes horizontales sont espacées de 2 mm et les lignes verticales de 8 mm.

Les souches peuvent devenir l'équivalent de tubercules

Quand les réserves sont importantes dans les bases de talles, il arrive que les bourgeons que ces bases portent restent systématiquement dormants jusqu'après la mort de la talle. La souche se comporte alors comme un véritable tubercule, à partir duquel un ou plusieurs bourgeons régénérateurs vont pouvoir démarrer (Cullen *et al.*, 2005b). La souche peut persister plusieurs saisons de végétation et donner de nouvelles talles régénératrices à partir des bourgeons dormants qu'elle a maintenus. McKendrick *et al.* (1975) ont observé sur souches d'*Andropogon gerardi* des bourgeons survivant jusqu'à 3 ans. Les bourgeons portés par les souches persistant à la base des talles reproductrices de *Bouteloua curtipendula* et d'*Hilaria belangeri* survivent 12 mois à la mort de la talle qui les a formés (Hendrickson et Briske, 1997).

Chapitre 8

Fragments et espaceurs

▸▸ Structures observables localement

À la base des talles vivantes

Au pied des talles, on trouve toujours des amas de tissus pourris (ou secs) traversés par des racines primaires. Après nettoyage, on découvre la base de ces talles vivantes et les talles mortes dont elles sont issues. Leur zone la plus ancienne, souvent très fragile car en cours de décomposition, semble souvent être loin de la surface (figure 8.1). De tels bouquets de talles existent comme éléments de la plupart des colonies pérennes de talles. Ils peuvent simplement être plus ou moins complexes et de formes plus ou moins ramassées.

Connectées au pied des talles, on peut aussi trouver des tiges horizontales : ce sont les espaceurs, catégorie d'organes essentielle pour les plantes à croissance clonale (voir par exemple Halassy *et al.*, 2005). On distingue les rhizomes au-dessous de la surface et des stolons rampant au-dessus du sol ou dans la couche de résidus de parties aériennes. Les tiges que nous appellerons ici « stolons » sont tout à fait analogues aux stolons du trèfle blanc. Des tiges plus ou moins verticales reliant un bouquet de talles à une structure enterrée plus ancienne ou à un rhizome ont également été appelées « stolons » par divers auteurs (Matthew *et al.*, 1989 ; Brock *et al.*, 1997), mais nous les considérons simplement comme un ou des entrenœuds végétatifs allongés à la base de la plus ancienne talle du bouquet du dessus.

Fragments clonaux

On entend par « fragment clonal » tout groupement de talles reliées entre elles par des structures susceptibles d'assurer des échanges. Le fragment clonal rassemble un nombre variable de talles et/ou d'espaceurs vivants, ainsi que des tiges mortes en bon état, celles qu'on appelle « tiges connectantes » (voir p. 100). C'est l'exact équivalent de la « plante » dans les espèces sans croissance clonale (voir chapitre 1).

Figure 8.1. Un bouquet de talles de dactyle extraites du sol jusqu'à leur origine commune visible. Photo M. Lafarge.

En blanc : les parties mortes.

La base commune du bouquet s'est facilement cassée à la manipulation ; elle était en cours de décomposition. Un tel bouquet ne constitue pas un fragment clonal au sens de ce terme dans le texte.

Il est généralement beaucoup plus réduit que les structures qu'on peut légitimement considérer comme ayant une origine commune, car les parties anciennes de ces structures se révèlent souvent décomposées ou en cours de décomposition (voir figure 8.1). En revanche, le groupe de talles présenté à la figure 8.2 est vraisemblablement un fragment clonal. Il est constitué par la réunion de deux bouquets de talles par un rhizome en bon état.

Des fragments constitués uniquement de talles vivantes ont été assez souvent observés, notamment sous pâturage (Brock et Fletcher, 1993) mais les fragments clonaux sont le plus souvent composés de la souche d'une talle morte, végétative ou reproductrice, et de ses filles vivantes, à leur tour plus ou moins ramifiées (figure 8.3). Les entrenœuds végétatifs allongés sont fréquents dans un fragment. On les trouve à la base de talles filles vivantes (figure 8.3 ; voir aussi figure 7.11), entre une souche proche des talles et une petite structure profonde (figure 8.4.) et plus généralement à peu près n'importe où sur une souche (figure 8.5).

Parmi les rares études sur la question, certaines distinguent les fragments par le nombre de talles vivantes qu'ils portent (Wilhalm, 1995). D'autres classent les fragments clonaux par le nombre d'ordres de ramification qu'ils rassemblent, sur graminées (Brock *et al.*, 1996), comme sur trèfle (Brock *et al.*, 1988 ; voir aussi p. 11). Le classement par niveau de complexité nous semble préférable pour une analyse du développement végétatif. Dans cette approche, les souches de talles mortes sont

Figure 8.2. Base d'un fragment clonal de *Festuca arundinacea* rassemblant deux bouquets reliés par un rhizome. Photo M. Lafarge.

Le bouquet de gauche regroupe deux (grosses) talles sans doute issues d'une mère disparue portée par le rhizome. Le bouquet de droite est porteur de plusieurs talles mortes et d'une jeune talle fille extravaginale. La structure hiérarchique entre les talles adultes du bouquet de droite n'est pas estimable sur la photo, mais la prise en compte du rhizome dans la complexité du fragment clonal fait monter celle-ci d'un niveau.

intégrées dans le fragment quand elles connectent effectivement différentes talles vivantes. Quand ce n'est pas le cas, on les ignore (voir figure 8.4). On peut caractériser un peuplement par la fréquence des différents niveaux de complexité des fragments qu'on y trouve à un moment donné, et suivre sa dynamique au cours du temps. Brock *et al.* (1996) et Hume et Brock (1997) l'ont fait dans des pâturages intensifs de Nouvelle-Zélande sur *Lolium perenne*, *Dactylis glomerata* et *Festuca arundinacea*.

La figure 8.6 montre la similitude de dynamique entre *Lolium perenne* et *Dactylis glomerata*, et la différence entre ces espèces et *Festuca arundinacea*, qui comporte nettement plus de fragments d'ordre élevé, surtout en hiver, et dont la dynamique saisonnière est beaucoup plus « plate ». Le raygrass et le dactyle associés présentent une dynamique tout à fait semblable : faible proportion de fragments complexes et forte proportion de fragments d'ordre 2 tout au long de l'année, alors que les ordres 1 et 3, intermédiaires, marquent un pic de l'ordre 1 et un creux de l'ordre 3 au printemps. Le raygrass dans la fétuque révèle la même opposition entre ordres 1 et 3 au printemps, mais aussi une opposition entre ordres 1 et 2 en automne.

La population de fétuque est constituée de beaucoup plus de « plantes » complexes, et les proportions des différents ordres varient beaucoup moins au cours de l'année. La complexité plus élevée des fragments clonaux de *Festuca arundinacea* est vraisemblablement due à des rhizomes persistants (voir figure 8.2).

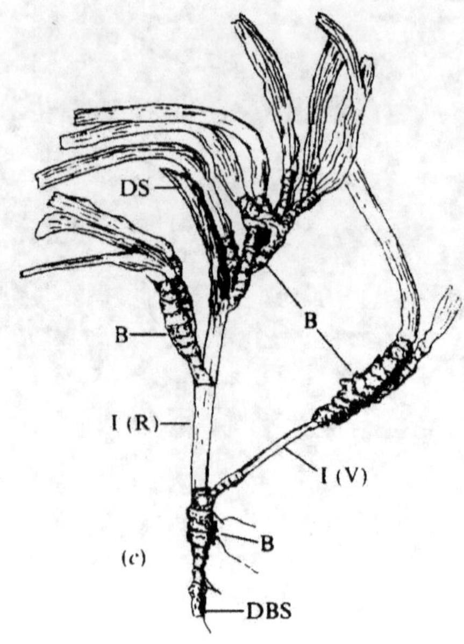

Figure 8.3. Fragment clonal de *Lolium perenne* organisé autour des premiers entrenœuds allongés d'une talle reproductrice morte. Figure 2c de Brock et Flechter, 1993.

La talle reproductrice morte va d'une extrémité basale nécrosée (**DBS** pour *decaying basal stem*) à la tige décapitée (**DS** pour *decapited stem*) en passant par un tronçon court-noué en bon état (**B** pour *basal stem*). Ce segment date d'avant le passage de la talle à l'état reproducteur. Il est surmonté par 2 entrenœuds allongés dont le premier est **I(R)** pour *reproductive internode*.

Trois talles vivantes sont portées par cette souche :
— la plus basse part du haut du segment court-noué à la base de la talle reproductrice. Elle commence par un segment court-noué de faible diamètre, surmonté par un entrenœud végétatif allongé — I(V) pour vegetative internode — puis poursuit par un segment court-noué, cette fois de gros diamètre, qui se termine par un cornet de feuilles vivantes. Cachée par le gros segment court-noué de cette talle, une talle fille a été émise par un nœud de la base de ce segment ;
— la talle suivante part du nœud entre les deux premiers entrenœuds de la talle reproductrice. Elle est entièrement court-nouée et elle a aussi donné naissance à une fille court-nouée ;
— la dernière talle part du nœud entre le second entrenœud et l'extrémité décapitée de la talle reproductrice. Elle se ramifie abondamment et forme un bouquet de talles court-nouées apparemment d'ordre 3 (avec filles et petites-filles).

Le fragment est d'ordre 4.

▸▸ Les rhizomes

Origine et croissance

Les rhizomes naissent à la base des talles en tant que talles extravaginales mais, au lieu de voir leur apex remonter tout de suite vers le haut, ils développent plusieurs entrenœuds sous terre. Chez la fétuque élevée, tous les intermédiaires existent entre des rhizomes croissant franchement vers le bas (D'Uva *et al.*, 1983) et des talles

Figure 8.4. Un fragment de dactyle avec un entrenœud végétatif allongé à sa base. Photo M. Lafarge.

En blanc : parties mortes et parties souterraines.

Le fragment, assez simple, présente quelques talles apparemment axillées sur une talle vivante portée par un segment actuellement mort. Celui-ci provient d'une structure plus profonde par un entrenœud végétatif allongé, très fin. Le fragment clonal peut être considéré comme d'ordre 2 (une talle et ses filles) dans la mesure où les structures mortes ne portent pas d'autre groupe de talles vivantes.

extravaginales à peine écartées de leur mère (cf. figure 5.13). Un rhizome peut aussi apparaître comme ramification d'un rhizome existant, à partir d'un de ses bourgeons latéraux (voir plus loin).

Le rhizome a la même morphogénèse qu'une talle. Chacun de ses nœuds porte une feuille-étui équivalente au coléoptile d'une plantule, c'est-à-dire qu'on peut la considérer comme une gaine munie d'un limbe en écaille qui la ferme (voir chapitre 2). À chaque phyllochrone, une nouvelle feuille-étui crève de l'intérieur la pointe de la précédente et la remplace. Ces feuilles-étuis protègent le point végétatif au cours de son déplacement dans le sol sous l'effet de l'allongement des entrenœuds successifs. Chez beaucoup d'espèces réputées traçantes la pointe est très dure ; celle-ci traverse aussi d'autres rhizomes, qu'ils soient d'espèces différentes ou du même clone : tous les jardiniers amateurs ont déjà récolté des pommes de terre traversées par un rhizome de chiendent (voir aussi Holly et Ervin, 2006 pour *Imperata cylindrica*, une C4).

Figure 8.5. Base d'un fragment clonal de dactyle organisé autour d'une souche pourvue d'entrenœuds allongés, mais ayant donné naissance à ses talles filles à partir d'une section court-nouée. Photo M. Lafarge.

Les filles de premier ordre sont aussi des souches de talles mortes, ainsi qu'une partie des petites-filles. Le fragment est au moins d'ordre 4.

Anatomie de l'axe

Jernstedt et Bouton (1985) ont observé sur des coupes transversales de talles et de rhizomes de fétuque élevée d'importantes différences d'anatomie : les rhizomes ont un parenchyme cortical et une moelle beaucoup plus développés et plus spongieux que les talles, et les vaisseaux conducteurs y sont beaucoup moins nombreux. Les rhizomes de *Poa pratensis* ont la même structure. Jernstedt et Bouton ont interprété ces différences par le très faible développement des feuilles que les nœuds des rhizomes portent. Ceci est tout à fait cohérent avec une différenciation des vaisseaux conducteurs d'un segment d'axe à partir des vaisseaux des feuilles qui le surmontent (voir p. 24).

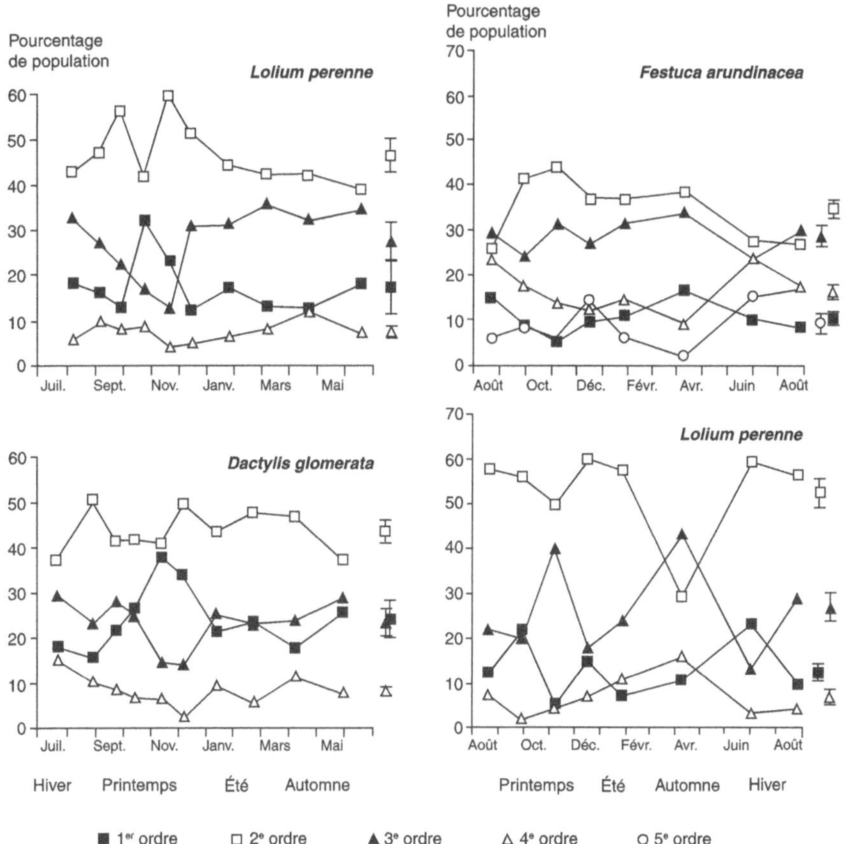

Figure 8.6. Proportions de plantes (= fragments clonaux) de différents ordres de complexité dans les populations totales de *Lolium perenne*, *Dactylis glomerata* et *Festuca arundinacea* poussant en associations deux à deux et avec du trèfle, en prairies pâturées près de Palmerston North (Nouvelle-Zélande).

Colonne de gauche : pâtures semées depuis plusieurs années d'un mélange de variétés sélectionnées de raygrass et de dactyle. D'après la figure 2 de Brock *et al.*, 1996. Colonne de droite : pâtures semées en *Festuca arundinacea* et envahies par du *Lolium perenne* sauvage. D'après la figure 1 de Hume et Brock, 1997.

Les observations sur fétuque-raygrass ont été conduites l'année d'après celles sur raygrass-dactyle.

Rhizomes longs et rhizomes courts

Entre espèces, on peut classer les rhizomes en plusieurs catégories entre deux extrêmes : les rhizomes longs, souvent traçants et qui vont faire naître des talles filles loin de leur origine, et les rhizomes courts dont on ne peut reconnaître la nature rhizomateuse que par une observation rapprochée. Les rhizomes classiques sont les rhizomes traçants, ceux qu'on trouve dans un jardin en bêchant. Ils sont constitués de nombreux entrenœuds longs (figure 8.7). Les rhizomes formant peu d'entrenœuds longs sont du même type, même si les bouquets de talles qu'ils vont faire naître sont plus proches les uns des autres (fragment de fétuque élevée, voir figure 8.2).

Figure 8.7. Rhizomes longs sur des d'espèces traçantes : exemple du chiendent. Photo M. Lafarge.

À gauche, un rhizome ancien ayant perdu ses feuilles-étuis et dont les racines nodales semblent en sénescence. Sa talle terminale a donné le bouquet central. Plusieurs jeunes rhizomes en partent. À droite, deux d'entre eux ont déjà donné leur talle terminale et un autre commence un allongement horizontal souterrain.

En blanc : les parties mortes et souterraines.

Les rhizomes à entrenœuds longs commencent par pousser franchement vers le bas (Palmer, 1962 chez *Elytrigia repens* ; Brock *et al.*, 1997 chez *Festuca arundinacea*), puis ils s'allongent horizontalement à une profondeur de 5 à 15 cm en fonction du sol. Ils peuvent se trouver plus profondément sous la surface quand le sol est perturbé : jusqu'à 30 cm au moins avec le chiendent *E. repens* (Lemieux *et al.*, 1993).

Les vrais rhizomes courts sont des rhizomes à entrenœuds très courts. Ils constituent la structure de base des touffes de beaucoup d'espèces. Certains ont peu de phytomères susceptibles de porter des talles, comme ceux de *Miscanthus sinensis* (Kobayashi et Yokoï, 2001). D'autres en forment beaucoup, comme les rhizomes de *Nardus stricta* (figure 8.8) ou de *Melica macra* (Perreta et Vegetti, 2004). Ils sont toujours très près de la surface.

Production d'une talle par l'extrémité d'un rhizome

Après un certain temps de croissance à peu près horizontale, l'extrémité d'un rhizome se met à croître vers le haut et donne une talle feuillue, aussi bien quand il s'agit de rhizomes courts que de rhizomes longs, même si ce comportement est mieux connu sur les rhizomes longs. Le déterminisme de ces deux phases de croissance est

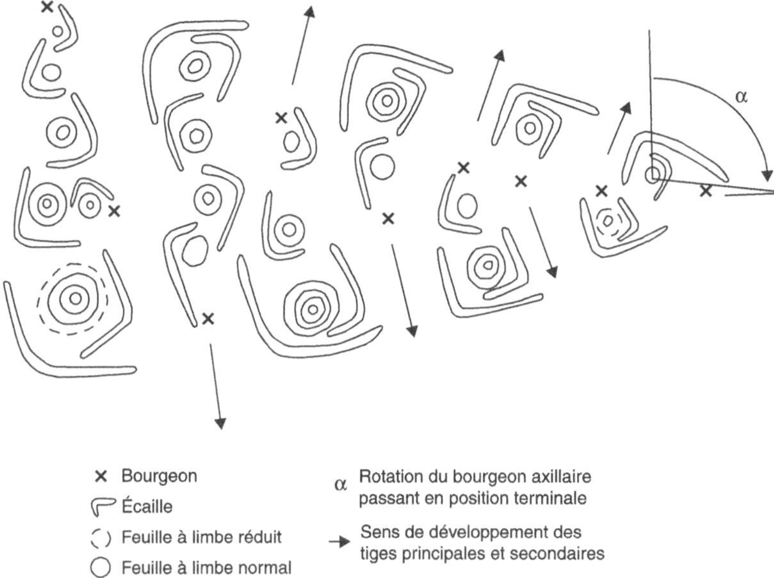

Figure 8.8. Exemple de rhizomes à entrenœuds courts structurant la touffe d'espèces cespiteuses : *Nardus stricta*. D'après Loiseau, 1977.

sans doute le rapport des sucres solubles à l'azote, comme pour l'orientation de croissance de bourgeons latéraux dormants (voir p. 67, et McIntyre, 1972). Quand il y a peu de sucres relativement à l'azote dans le rhizome (sans doute au voisinage de l'apex), la croissance s'oriente vers le haut, comme le montrent les deux séries d'observations rapportées ci-dessous.

Chez *Poa pratensis*, le pourcentage de rhizomes dont l'extrémité se redresse est maximal quand une plante mère âgée de 6 mois a été complètement défoliée tous les 4 jours pendant 6 semaines avant les observations, alors que le pourcentage de rhizomes à croissance horizontale est maximal quand cette plante mère a été laissée intacte (Nyahoza *et al.*, 1974). Le feuillage de la plante mère est la seule source possible de sucres pour les rhizomes quand l'ensemble est jeune. Dans la même série d'observations, de jeunes plantes de *P. pratensis* avaient été élevées pendant 5 mois sur un substrat pauvre ; elles manifestaient alors des symptômes de manque d'azote. Pendant les 6 semaines suivantes, elles ont été arrosées quotidiennement soit avec de l'eau, soit avec une solution contenant 85 ppm d'azote. Celles qui ont reçu cet apport d'azote retardé par rapport aux besoins de croissance de la partie feuillue de la plante montraient le plus faible pourcentage de rhizomes demeurés horizontaux (Nyahoza *et al.*, 1974).

Sur de jeunes plantes de *Paspalum vaginatum* en serre et sans différences d'alimentation azotée, la croissance horizontale des rhizomes est associée à une forte teneur en sucres et à un rapport élevé des sucres non réducteurs sur les sucres réducteurs. Les talles et les extrémités dressées des rhizomes en contiennent beaucoup moins et l'apport de saccharose favorise la croissance horizontale (Willemoës *et al.*, 1988).

Dominance apicale et productions sur les nœuds

Contrairement aux talles (voir chapitre 5), il y a clairement dominance apicale sur les rhizomes, au moins sur les rhizomes longs comme ceux d'*Elytrigia repens* (Rogan et Smith, 1976) ou de *Poa pratensis* (Nyahoza *et al.*, 1974). Cette dominance n'est jamais absolue, et elle cesse dès que l'extrémité du rhizome est devenue une talle. Sur un rhizome de *P. pratensis* en croissance horizontale, seuls les bourgeons les plus à la base peuvent connaître une croissance non négligeable. Par contre, dès que l'extrémité d'un tel rhizome s'est redressée en talle, les 2-3 bourgeons les plus proches de cette extrémité vont donner des rhizomes horizontaux et les 2-3 suivants des tiges dressées (Nyahoza *et al.*, 1974).

Indépendamment du démarrage du bourgeon qu'il porte, chaque nœud du rhizome émet des racines (Chancellor, 1974) quand le moment est venu dans le patron de croissance décrit en chapitre 2 pour la talle. Plus le rhizome s'allonge, plus il accède à de nouveaux volumes de sol, ce qui favorise l'augmentation de son stock d'azote. Pendant ce temps, sa croissance ne peut se faire qu'au détriment des sucres de sa mère, et cette croissance va diluer le stock de sucres qu'il peut contenir. La fin de sa croissance horizontale est ainsi de plus en plus probable.

La fragmentation des rhizomes par les façons culturales lève la dominance apicale, mais il peut exister une dormance saisonnière, au moins chez *Elytrigia repens* (Johnson et Buchholtz, 1962). Après une fragmentation, l'ensemble des bourgeons de cette espèce n'est pas mis durablement en croissance. Chancellor (1974) a observé que la plupart des bourgeons latéraux démarraient sur ses tronçons expérimentaux, mais qu'après quelques jours, une seule pousse par tronçon devenait dominante. Les autres cessaient de croître les unes après les autres, et certaines présentaient à la fin des observations un bout creux, c'est-à-dire une feuille-étui réduite à sa gaine adulte, l'arrêt de croissance n'ayant pas permis à la feuille suivante d'atteindre l'extrémité de la précédente. Ceci pourrait signifier qu'il ne s'agit pas d'un arrêt de croissance par manque de ressources mais du rétablissement d'une dominance hormonale entre pousses sœurs qui fonctionnerait comme une mise en dormance (voir p. 31).

Production de rhizomes par les talles

Chez les espèces typiquement rhizomateuses, une plantule issue de semence (ou une talle) commence à émettre des rhizomes dès qu'elle porte un petit nombre de feuilles — par exemple 3-4 chez *Elytrigia repens*, 4-5 chez *Holcus mollis*, 3-5 chez *Agrostis gigantea* (Hakansson et Wallgreen, 1976). Compte tenu des délais de gestation (voir plus haut, p. 58 et 69), cela signifie que les bourgeons à l'aisselle des toutes premières feuilles peuvent croître en rhizomes. Les observations directes de McIntyre (1967) le confirment pour le chiendent. Une telle stratégie constitue un risque pour une plantule, car l'allongement d'un rhizome ne peut se faire qu'au détriment des ressources de sa mère, particulièrement des sucres que le rhizome ne peut pas acquérir lui même. Il existe des modulations dans certaines de ces espèces selon la ressource en sucres : chez *Poa pratensis*, le nombre de rhizomes produits par les talles d'une jeune plante est considérablement plus grand en l'absence de défoliation de la plante mère que quand elle est défoliée de façon répétée (Nyahoza *et al.*, 1974). Chez le chiendent *Elytrigia repens*, en revanche, une priorité à l'alimentation des rejets (talles filles ou rhizomes) affaiblit considérablement la plante en cas de coupes à intervalles rapprochés (Tripathi et Harper, 1973).

Sur des espèces moins obligatoirement rhizomateuses comme *Festuca arundinacea*, on ne dispose que de comparaisons variétales ou d'observations sur l'effet du temps écoulé. Dans cette espèce, on manque totalement d'informations sur l'effet de différences de conditions de croissance sur la production de nouveaux rhizomes par les talles vivantes.

Persistance et fonction de réserve des rhizomes

Le suivi pendant 2 ans par Johnson et Buchholtz (1962) du nombre de rhizomes nouveaux et de rhizomes préexistants dans des taches denses de chiendent suggère que ces rhizomes ne vivent guère plus d'un an en moyenne. Dans leur étude de la dynamique spatiale des rhizomes de différentes espèces en prairie naturelle, Wildova *et al.*, (2007b) ont établi une durée moyenne de vie des rhizomes de 5-6 ans pour *Anthoxanthum alpinum*, 6 ans pour *Festuca rubra* et *Deschampsia flexuosa* et au moins 8 ans pour *Nardus stricta*. Pour *F. rubra*, l'espèce où la comparaison est possible, cette valeur excède légèrement la durée maximale de vie des talles (voir p. 95). La durée moyenne de vie des talles étant très inférieure à leur survie maximale, on peut penser que la durée maximale de vie des rhizomes est très supérieure à celle des talles de la même espèce.

Outre leur fonction d'espaceur, les rhizomes ont une fonction de stockage de réserves et de banque de bourgeons (Steen et Larsson, 1986 ; Suzuki et Stuefer, 1999 ; Ding et Yang, 2007), c'est-à-dire une fonction de tubercule. Cependant, même quand il existe sur la même plante des stolons, qui sont des espaceurs plus performants (voir ci-dessous), les rhizomes ne sont pas cantonnés à une fonction de tubercule (par exemple, chez *Cynodon dactylon*, Horowitz, 1972a).

▸▸ Les stolons

Origine et morphogénèse dans les espèces typiquement stolonifères

Contrairement à l'opinion classique rapportée par Cattani et Struik (2001) selon laquelle un stolon provient d'une talle extravaginale, des observations plus précises ont montré qu'un stolon est, au départ, une talle axillée, voire le brin maître issu de la semence (Cattani, 1999, sur *Agrostis stolonifera*). En dessous de sa section apicale de feuilles en croissance, la talle fait s'allonger un entrenœud végétatif au-dessus d'une section court-nouée adulte qui peut ne comporter qu'un tout petit nombre de nœuds : un peu plus de 3 sur le brin maître d'une plantule et environ 2 sur ses filles chez *A. stolonifera* (Cattani, 1999). Cet entrenœud éloigne la section apicale de la section basale et se couche sur le sol. Ceci est permis par la souplesse persistante de la base des gaines devenues adultes (voir p. 27). Un nouvel entrenœud s'allonge alors à la base du bouquet de feuilles en croissance. Ce programme de croissance peut se répéter indéfiniment, comme sur un rhizome.

Dans beaucoup d'études, l'extrémité en croissance du stolon est implicitement considérée comme horizontale — par exemple par Ito *et al.* (2003) sur *Zoysia japonica*, qui signalent pourtant que chaque nouvel axe commence par avoir la croissance érigée d'une talle. Sur *Cynodon dactylon*, une croissance érigée de l'extrémité ne s'observe qu'à l'obscurité entrecoupée de signaux rouge clair. À l'obscurité complète ou avec des signaux rouge sombre ainsi qu'en pleine lumière, la croissance paraît tout à fait horizontale (Willemoës *et al.*, 1987). Sur *Paspalum vaginatum*, Willemoës *et al.* (1988) considèrent explicitement que la croissance du stolon est horizontale tant qu'il est suffisamment pourvu en saccharose, soit par la plante dont il est issu, soit par un apport expérimental copieux après excision. Dans le cas contraire, son extrémité pousse vers le haut.

Dans tous les cas documentés, chaque « nœud multiple » (voir p. 5) porte plusieurs feuilles et presque autant de bourgeons de talles susceptibles de démarrer (Stiff et Powell, 1974), par exemple 3 feuilles et 2 bourgeons de talles chez *Zoysia japonica* (Ito *et al.*, 2003) et chez *Cynodon dactylon* si on compare les observations de Willemoës *et al.* (1987) à la coupe longitudinale d'apex de Barnard (1964). Les feuilles successives d'un même nœud multiple ont une gaine de plus en plus longue, et leur limbe respecte l'alternance de côté par rapport à l'axe. Ce limbe est réduit à une écaille quand le stolon pousse à l'obscurité — c'est-à-dire dans une litière —, mais il est normal, quoique petit, quand il est à la lumière (Willemoës *et al.*, 1987, sur *Cynodon dactylon*). La réponse de la direction de croissance de son extrémité à l'absence de fourniture expérimentale de saccharose après excision de la plante mère montre que ses limbes ne le rendent guère plus autonome qu'un rhizome pour les sucres...

Effet des conditions sur la transformation de talles en stolons

La transformation des jeunes talles d'espèces stolonifères en stolons n'est pas systématique. Beltrano *et al.* (1999) ont étudié sur de jeunes plantes de *Paspalum vaginatum* l'effet d'une alimentation azotée nitrique ou ammoniacale sur les teneurs en sucres et les tiges produites. Par rapport à l'alimentation nitrique, l'alimentation ammoniacale a réduit les teneurs en sucres, surtout les sucres non réducteurs (saccharose et plus complexes). Elle a réduit légèrement le nombre de talles mais fortement le nombre de stolons observés en fin d'expérience. Les stolons ont représenté plus de 35 % du nombre total de pousses quand l'alimentation était purement nitrique et autour de 15 % quand elle était purement ammoniacale.

Pour les espèces « ordinaires », des conditions favorables à une croissance prostrée (voir p. 137), à l'allongement des entrenœuds, à la verse des tiges et à leur contact avec le sol vont aboutir à des phénotypes stolonifères. Les observations les plus nombreuses ont été faites sur *Lolium perenne* :
– sous pâturage ovin rotatif, Kydd (1966) a observé que les talles très prostrées se mettaient à pousser « comme de jeunes talles d'Agrostis stolonifera », c'est-à-dire en

faisant s'allonger plusieurs entrenœuds sur le sol. Les bourgeons ont ensuite donné des talles, et des racines se sont développées sur les différents nœuds ;
– également sous pâturage ovin, Korte et Harris (1987) ont observé de courts stolons constitués majoritairement d'un à deux entrenœuds allongés et couchés à la base de talles redressées, aussi bien végétatives que reproductives. Les nœuds touchant le sol étaient enracinés et portaient souvent leur talle fille. À peu près 30 % des talles commençaient par cette section couchée ;
– il n'est pas rare que le ou les nœuds supérieurs de la partie de talle reproductrice restant après coupe produisent des talles aériennes qui vont pouvoir s'enraciner dans un mulch (Simons et al., 1974) ou après verse (Kydd, 1966). En gazon de sport tondu 40 fois par an à 3 cm et fréquemment roulé, les talles reproductrices de *Lolium perenne* se comportent aussi comme des stolons, avec des talles filles aux 4-5 premiers nœuds, les dernières étant des talles aériennes, au moins au début de leur vie (Minderhoud, 1980).

Comme *L. perenne*, *Holcus lanatus* peut former des stolons à partir du bord d'une touffe quand celle-ci a été coupée à ras plusieurs fois en saison de végétation, et *Dactylis glomerata* fait de même quand, au contraire, l'herbe s'est accumulée (Olszewska et Wielicka, 1984). Chez l'alfa (*Stipa tenacissima* ; Sanchez et Puigdefabregas, 1994), les talles poussent d'abord vers le haut à l'aisselle des feuilles de leur mère. Elles se couchent quand les gaines mortes de ces feuilles les laissent passer (évènement saisonnier). Ensuite, des racines apparaissent sur les quelques nœuds touchant le sol. La base de la talle est devenue une sorte de « stolon court ».

Enracinement et ramification des stolons

L'émission de racines par les nœuds des stolons est peu documentée dans la littérature, mais on peut considérer implicitement qu'elle a lieu tant que rien ne s'y oppose (sécheresse, dureté du substrat…), au moins quand le nœud porte une talle fille. Sur stolons de *Lolium perenne*, Hayes (1971) a observé un enracinement nodal même en l'absence de croissance de la talle fille. L'expérience rapportée au début de cet ouvrage sur les transferts de phosphore entre ramètes portés par un même stolon d'*Agrostis stolonifera* (voir figure 1.12) fait explicitement référence à un enracinement à chaque nœud de ce stolon.

En espèces stolonifères, les stolons peuvent vraisemblablement se ramifier directement, sans passer par l'émission d'une talle qui se transformerait ou émettrait à son tour un stolon. Une position de bourgeon sur le nœud multiple semble ainsi plutôt dévolue à l'émission d'un stolon secondaire (*Zoysia japonica* ; Ito *et al.*, 2003). Des stolons ramifiés s'observent sur *A. stolonifera* au bout d'une saison de végétation sur de jeunes plantes élevées en pots (Kik *et al.*, 1990). Sur le kikuyu (*Pennisetum clandestinum*), on observe plus de stolons secondaires que de stolons primaires dès une centaine de jours après plantation (Wilen et Holt, 1996).

Fonctions des stolons

Comparés aux rhizomes qui ont souvent une fonction de tubercule, les stolons sont essentiellement des espaceurs cherchant la lumière (Dong et Pierdominici, 1995). Leur vitesse d'allongement est importante : par exemple, l'extrémité d'un stolon de *Cynodon dactylon* peut se trouver à plus de 120 cm du point de plantation après 100 jours de croissance d'une jeune plante (Horowitz, 1972b).

Beaucoup de stolons qui se croisent dans tous les sens donnent au peuplement une structure de tissu. C'est particulièrement important pour la portance et donc pour la qualité des gazons de sport (Cattani et Struik, 2001).

Chapitre 9

Formes et dynamique
des colonies de talles

▸▸ Distinction entre taches et touffes

Les colonies de talles peuvent prendre deux grands types de forme : les taches et les touffes. Au premier abord, on peut nommer « taches » des colonies lâches et étendues et « touffes » des colonies serrées, plutôt réduites en surface et saillantes par rapport au reste de la végétation. Tous les intermédiaires semblent exister, et les mêmes colonies d'une même espèce peuvent être qualifiées de « touffes » ou de « taches » selon les auteurs. C'est le cas par exemple pour *Miscanthus sinensis* : les colonies de talles que forme cette espèce sont des taches pour Kobayashi et Yokoi (2001 et 2003a), et des touffes pour Hirata *et al.* (2007).

Si on ne se rapporte pas au seul aspect extérieur mais si on fait intervenir dans la classification les modes de croissance clonale et les stratégies spatiales qui y correspondent (voir p. 9 ; Lovett-Doust et Lovett-Doust, 1982 ; Humphrey et Pyke, 1998), il n'y a plus de continuum et la distinction devient plus claire. Nous considérerons ici comme taches les colonies de talles présentant une stratégie de « guérilla », même si elles sont peu étendues, et comme touffes celles qui présentent une stratégie de « phalange », même si elles sont larges, comme celles de *Spartina anglica* (van Hulzen *et al.*, 2007). La stratégie « guérilla » résulte d'une croissance clonale par espaceurs longs à l'échelle de la colonie entière. La stratégie « phalange » résulte d'une croissance clonale par espaceurs courts ou par tallage axillé (voir p. 63). Les colonies de talles de *Miscanthus sinensis* étant construites sur des rhizomes courts (Kobayashi et Yokoi, 2001 ; voir ci-dessus) et présentant un bord abrupt (Kobayashi et Yokoi, 2003a) doivent être classées dans les touffes. Il peut exister des taches regroupant des bouquets de talles ayant les caractères de petites touffes — c'est le cas quand le tallage axillé est important à côté d'espaceurs à entrenœuds longs, comme chez la fétuque élevée. Certaines espèces produisent plus de talles distantes en conditions pauvres et plus de talles groupées en conditions riches (Ye *et al.*, 2006). L'impression que produit la carte d'une colonie donnée dépend fortement de la maille d'observation choisie, surtout pour les taches lâches. Avec une maille large, une tache apparaîtra comme une surface continue avec des zones de densités différentes, alors qu'avec une maille fine elle apparaîtra comme un nuage de points.

Sur le bord de la colonie, l'accroissement de densité est très brutal en stratégie « phalange » (touffes). La zone de densité maximale est généralement un anneau proche de la périphérie dans les touffes (voir ci-dessous). L'accroissement de densité est progressif en bord de taches. La densité peut paraître ensuite régulière sur toute la surface, comme par exemple dans des taches de *Cynodon dactylon* âgées de 2 ans et demi et mesurant à peu près 25 m² (Horowitz, 1972b). La densité locale peut aussi être variable dans l'espace. Elle était irrégulière et sans distribution spatiale systématique dans de grandes taches d'*Elytrigia repens* observées par Rew *et al.* (1996) dans des champs cultivés. Pour définir leurs sites de prélèvement dans des taches envahissantes d'*Imperata cylindrica*, Holly et Ervin (2006) y ont défini un « intérieur » peuplé à 99 % par cette espèce et un « bord » peuplé par 25 à 75 % d'*I. cylindrica*, le reste étant constitué d'espèces indigènes.

Les touffes doivent être considérées *a priori* comme monoclonales. C'est beaucoup moins certain pour les taches, mais on ne s'intéressera ici qu'aux taches monoclonales.

▸▸ Les taches monoclonales

Origine des taches monoclonales

Les taches sont formées de talles portées par des espaceurs longs dont la direction initiale de croissance dépend plus ou moins de la position des bourgeons sur les talles mères. Cette direction peut se trouver rapidement modifiée par des obstacles, ou aléatoirement. Les talles filles proviennent soit des extrémités des espaceurs, soit de bourgeons mis en croissance sur leurs nœuds

Sur les rhizomes, les talles issues des bourgeons latéraux sont portées par des nœuds plutôt proches de l'extrémité. Chez *Phragmites australis*, il semble s'agir exclusivement de nœuds portés par le tronçon vertical terminal du rhizome (Klimes, 2000), ce qui implique l'apparition de bouquets de talles relativement serrés. Sur *Poa pratensis*, ce sont les nœuds situés un peu en amont du début de la courbure vers le haut qui vont le plus facilement donner des talles (Nyahoza *et al.*, 1974). Dans ce cas, le peuplement initial de la tache sera plus diffus.

Installation de taches monoclonales : exemples et effet des conditions

L'installation d'une tache est très rapide avec une espèce stolonifère (Bao et Hirata, 2006). Wilen et Holt (1996) ont observé que *Pennisetum clandestinum* avait déjà formé des taches de 1 m² en moyenne 80 jours après plantation d'un fragment de stolon à deux nœuds racinés, en l'absence de coupe. Des coupes rases ont réduit l'expansion.

Avec une espèce rhizomateuse, l'installation est beaucoup plus lente. Sur un sol sableux où la végétation était très claire, Kershaw (1958) a observé un clone d'*Agrostis tenuis* en expansion à peu près radiale sur quelques décimètres à partir d'un centre de talles mortes montrant qu'il était déjà âgé de quelques saisons de végétation. En conditions prairiales, la colonisation initiale est lente, même quand l'espèce est réputée très traçante comme le chiendent, mais l'expansion peut être ensuite exponentielle.

On a suivi expérimentalement l'installation d'*Elytrigia repens* à partir d'un fragment raciné unique dans des peuplements de *Lolium perenne*, de *Dactylis glomerata* et d'*Agrostis tenuis* déjà en place. Ces peuplements étaient bien nourris en azote et fauchés soit 5-6 fois par an, soit une seule fois. Après un hiver et un printemps dans les mêmes conditions d'entretien, la distance entre la talle de chiendent la plus éloignée et l'inoculum était à peine supérieure à 10 cm dans l'agrostis et de l'ordre de 5 cm dans les autres espèces hôtes, sans effet de la fréquence de coupe. La figure 9.1 montre que la surface des taches était d'à peine 3 dm² lors de cette première observation. Un an plus tard, les surfaces moyennes variaient entre 5 et 50 dm², plus grandes en coupes rares qu'en coupes fréquentes et plus grandes dans l'agrostis que dans le dactyle. À la dernière observation, ces surfaces s'étalaient entre 8 et 200 dm², avec les mêmes différences statistiques entre traitements expérimentaux, mais surtout avec une divergence spectaculaire entre un groupe formé par les peuplements de ray-grass et de dactyle coupés fréquemment et le groupe de tous les autres traitements élémentaires. Même en coupes fréquentes, le chiendent a réussi à installer dans l'agrostis des taches à peu près aussi étendues que dans les peuplements coupés une seule fois par an, surtout ceux de dactyle. À la dernière observation, la densité moyenne d'une tache variait entre 2,7 et 6,9 talles de chiendent/dm² (pour des surfaces définies comme figure 9.1) en moyenne par traitement élémentaire. Le plus souvent, les taches les plus grandes étaient aussi les plus denses et celles qui montraient les plus fortes densités locales de chiendent (jusqu'à 37 talles/dm²).

Pour tester si la coupe avait un effet local ou général sur la colonisation, d'autres parcelles ont été conduites en défoliation hétérogène, c'est-à-dire que des parcelles fauchées une seule fois par an ont subi des passages de tondeuse toujours au même endroit lors de chaque coupe du régime intensif (régime « mosaïque », figure 9.2). On a constaté que la limitation de la colonisation par des coupes répétées était un effet des conditions locales, au moins après un temps de croissance suffisant (figure 9.2). Les connexions clonales hautement probables entre zones différemment coupées n'entraînent pas de soutien à la colonisation par le chiendent dans les zones défavorables. C'est l'affaiblissement direct des talles en place par la coupe qui semble déterminant (voir p. 121).

Marshall (1990) avait déjà observé des différences de frein à l'expansion du chiendent entre espèces de graminées installées avant l'implantation et coupées une fois par an. *Arrhenatherum elatius* a été sensiblement plus limitant que *Holcus lanatus*. Dans des parcelles initialement nues, la production de rhizomes de chiendent a été 10 à 20 fois supérieure à ce qu'elle avait été dans les parcelles préalablement enherbées, quelle que soit l'espèce installée, et même quand le sol initialement nu de ces parcelles avait été ensuite abondamment envahi par des graminées adventices (Marshall, 1990).

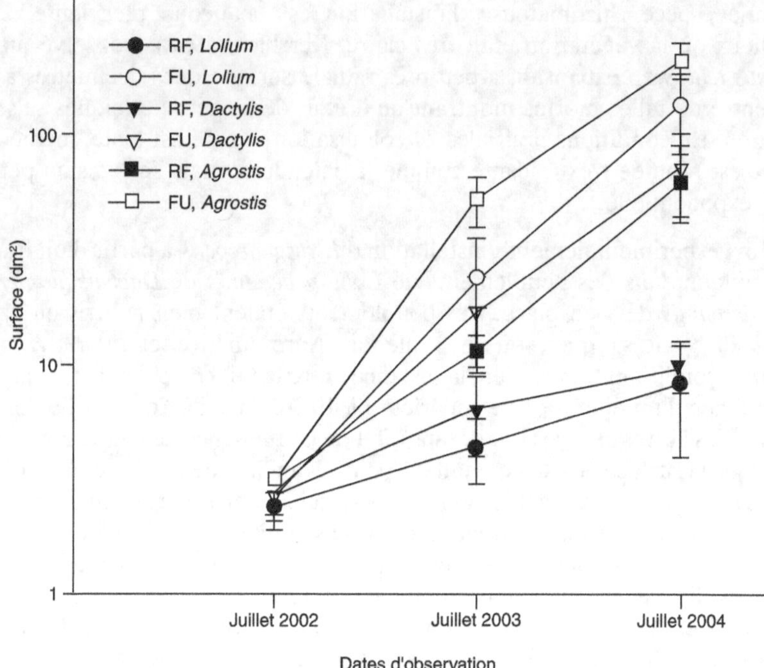

Figure 9.1. Surfaces de taches monoclonales d'*Elytrigia repens* envahissant des peuplements de 3 espèces de graminées conduites à 2 rythmes de coupe avec une alimentation azotée non limitante.

Moyenne ± 1 erreur standard entre 3 clones ; échelle logarithmique pour les surfaces. Une seule observation par an a été réalisée, après la coupe commune aux 2 régimes :
– RF (régulièrement fauché) : coupes vers le 10 mai, début juin, fin juin, milieu d'été (s'il a assez plu), septembre et fin octobre ;
– FU (fauche unique) : une seule coupe fin juin.

À chaque date, chaque talle de chiendent reconnaissable (même décapitée récemment) a été pointée sur la surface de chaque parcelle au moyen d'un digitaliseur 3D électromagnétique (Sinoquet *et al.*, 1998). Après redressement grâce à des repères fixes, les positions obtenues en coordonnées continues (x,y) ont été transformées en nombre de talles dans les cellules de 3 × 3 cm d'une grille virtuelle définie sur chaque parcelle de 210 × 210 cm. Un couple de valeurs (x,y) pouvant être très proche d'une limite entre cellules, l'attribution d'une talle à une cellule ou à une de ses voisines peut être largement le fruit du hasard (Lafarge, 2001). Pour en limiter les effets et rendre les cartes comparables, on a « lissé » la carte brute des nombres entiers de talles par cellule. La nouvelle carte lissée a été obtenue en calculant successivement pour chaque cellule la moyenne du nombre total de talles présentes dans la fenêtre de 9 cellules de l'ancienne carte centrée sur elle.

La surface de la tache est la surface de l'ensemble des cellules dont la densité après lissage n'est pas nulle.

Évolution interne des taches monoclonales : principe et exemple sur chiendent

Une tache installée a vocation à s'étendre et à persister pendant plusieurs années, donc souvent beaucoup plus longtemps que la durée vraisemblable de vie des talles de l'espèce. Entre saisons de végétation, le maintien de l'occupation d'un microsite

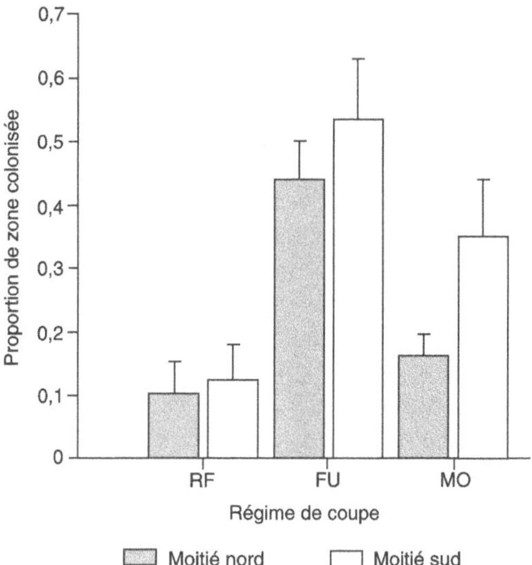

Figure 9.2. Effet de la fréquence locale de coupe sur la proportion de surface colonisée dans deux demi placettes de surfaces identiques et également accessibles par le chiendent, après 2 ans ½ de colonisation de peuplements de graminées.

Le régime de coupe MO (mosaïque) consiste en 2 bandes perpendiculaires coupées à la tondeuse au rythme du régime RF dans une parcelle conduite en FU (voir légende de la figure 9.1). Dans toutes les parcelles, la placette de comparaison locale des rythmes de coupe fait 2 largeurs de tondeuse perpendiculairement au passage de tondeuse est-ouest et va du bord utile est de la parcelle jusqu'au passage nord-sud de la tondeuse. Elle mesure à peu près 110 × 110 cm. En régime MO, la moitié nord est conduite en rythme RF et la moitié sud en rythme FU. En régimes RF et FU, les conduites sont évidemment spatialement homogènes. Le plant de chiendent a été installé sur la limite entre les deux moitiés de placette.

Graphiques : moyennes ± 1 erreur standard entre 9 répétitions (3 clones × 3 espèces hôtes).

Tests statistiques non paramétriques (9 répétitions) :
– différences entre moitiés d'une même placette (signed rank test) : non significatives en RF ni en FU, significative en MO ;
– pour les zones homologues prises comme individus indépendants et comparées entre régimes de coupe, pas de différence significative entre les zones nord de MO et de RF, ni entre les zones sud de MO et de FU (tests Mann-Whitney-Wilcoxon et Kolmogorov-Smirnov).

Avant cette durée de colonisation, on n'avait observé aucune différence significative entre les zones

dans une tache repose sur le renouvellement local des talles par tallage axillé ou sur une reconquête précoce par talles d'espaceur. À notre connaissance, cette dynamique est peu documentée dans la littérature. Nous décrirons ici la dynamique de taches d'*Elytrigia repens* à partir des résultats de l'étude non publiée déjà citée au paragraphe précédent. Cette espèce est intéressante car la persistance de ses talles risque d'être faible pour deux raisons complémentaires. Tout d'abord, leur apex produit moins de *primordia* qu'il n'en transforme en feuilles à partir de 7 feuilles déployées et de 30 à 40 jours de croissance (Rogan et Smith, 1974) : leur durée de croissance est ainsi limitée à un petit nombre de phyllochrones, peut-être 10 ou à peine plus. Par ailleurs, la priorité dans l'allocation des ressources est donnée aux rejets, particulièrement les rhizomes (Tripathi et Harper, 1973) : après défoliation, la repousse des talles en place risque d'être inférieure à celle d'espèces concurrentes.

Dans notre étude, une localisation assez précise des talles présentes lors d'une observation et le lissage des densités microlocales a permis une comparaison locale des densités entre dates d'observation. Outre des zones nouvellement colonisées, ces comparaisons permettent de distinguer des endroits déjà occupés dont la densité a baissé, éventuellement jusqu'à l'abandon. De tels endroits sont apparus dès l'observation de 2e année alors que les taches observées en première année étaient encore petites. Cette baisse locale affectait largement plus de la moitié de la surface des taches en coupes fréquentes (figure 9.3). Le même phénomène s'est reproduit sur l'observation de 3e année sur des taches initiales plus grandes (figure 9.3). Il est vraisemblable que la densité fluctue fortement en chaque point d'une tache.

Dans presque toutes les parcelles observées, on a trouvé des surfaces occupées en 1re année, abandonnées en 2e puis recolonisées en 3e. Même au cours d'une période d'expansion comme celle qui a été observée, la modification des contours d'une tache montre que des surfaces ont été abandonnées, apparemment d'autant plus que l'expansion de la tache était faible (figure 9.4). Bien évidemment, comme pour toute espèce « guérilla », les zones conquises ne sont pas occupées par un peuplement pur de l'espèce conquérante : les espèces hôtes s'y entremêlent. Le mélange avec une autre espèce « guérilla » comme l'agrostis a pu faciliter la persistance ou le renouvellement local du chiendent (figure 9.1).

⇥ Structure et dynamique des touffes

Origine des touffes et structure de leur base

Les touffes se construisent petit à petit, soit par tallage axillé, soit sur des rhizomes courts. Le tallage axillé synchrone n'y joue vraisemblablement qu'un rôle secondaire (voir p. 63 ; Murphy et Briske, 1994 ; Tomlinson et O'Connor, 2004). Parmi les touffes construites exclusivement par tallage axillé, on peut citer celles de *Festuca pallens*, une espèce de milieux secs (Janisova, 2006), celles de *F. novæ-zelandiæ* (Lord, 1993) et celles de *Dactylis glomerata*, espèce bien connue dans nos prairies. Les touffes sur rhizomes courts seuls ou associés à une certaine proportion de tallage axillé sont sans doute les plus fréquentes. Il en existe de toutes sortes et de toutes tailles : des très grandes, comme celles de *Miscanthus sinensis* (Kobayashi et Yokoi, 2003a ; Hirata *et al.*, 2007) ou de *Spartina* sp. (*S. argentinensis* — Feldman *et al.*, 2007) et des petites, comme celles de *Nardus stricta* (Loiseau, 1977) ou de *Melica macra* (Perreta, 2004). Les graminées formant des touffes sont dites « cespiteuses ».

Les touffes d'alfa (*Stipa tenacissima*) pourraient être vues comme des colonies de talles axillées. C'est vrai au moment de l'émission des nouvelles talles, mais ça ne l'est plus quand la base de ces talles s'est couchée (Sanchez et Puigdefabregas, 1994 ; voir p. 115).

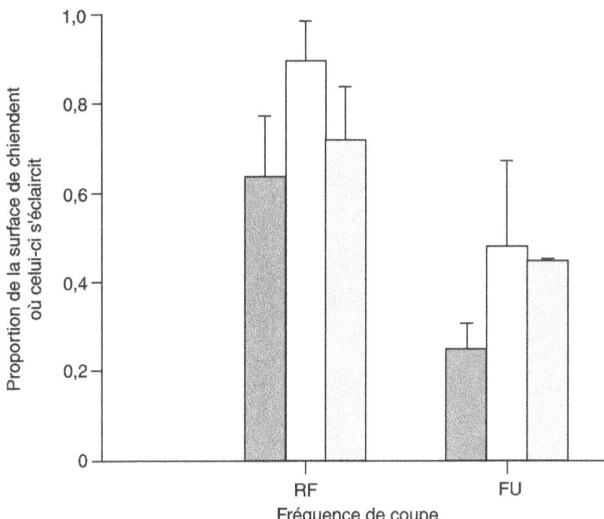

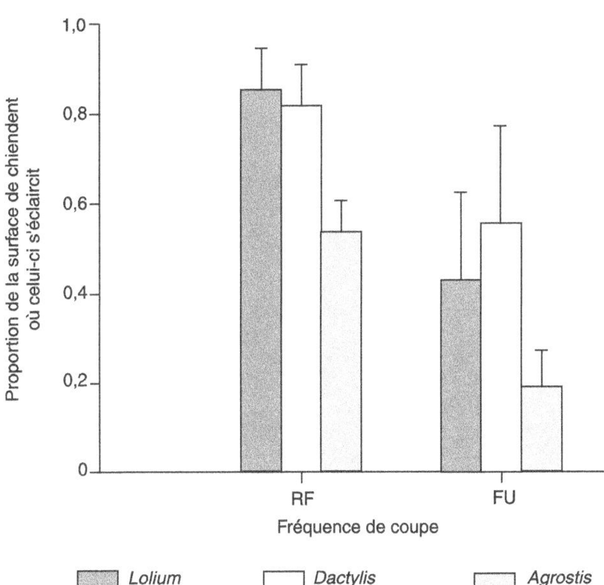

Figure 9.3. Proportion des zones de densité décroissante dans la surface de taches de chiendent colonisant 3 espèces de graminées, selon le régime de coupe.

Ces zones rassemblent les cellules des cartes lissées où la densité lors de l'observation finale était inférieure à celle de l'observation initiale, que la densité finale soit nulle ou non. La surface est exprimée en proportion de la surface initiale de la tache.

Moyennes ± 1 erreur standard entre 3 répétitions (clones).

RF : régulièrement fauché ; FU : Fauche unique (cf. figure 9.1).

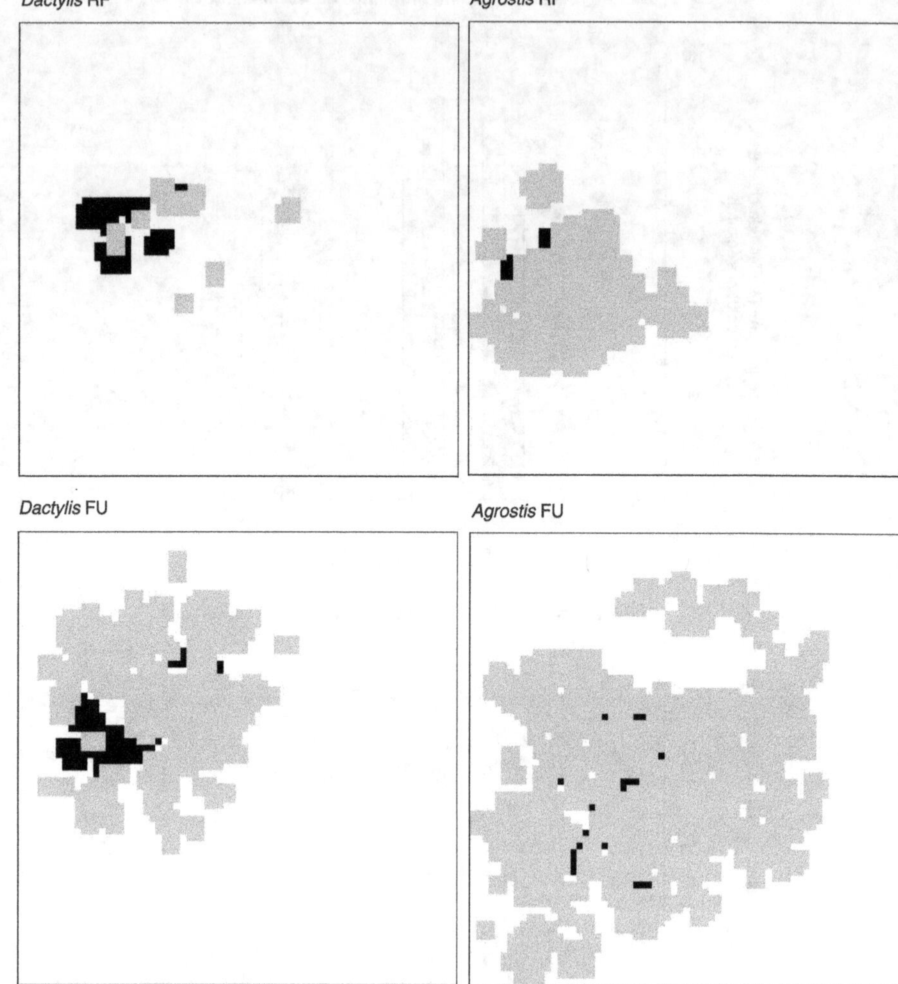

Figure 9.4. Cartes simplifiées de la dynamique de taches d'un même clone de chiendent au bout de 2 ans ½ de colonisation de peuplements de dactyle et d'agrostis sous deux régimes de coupe.

RF : régulièrement fauché ; FU : 1 coupe/an (voir figure 9.1).

Les cadres délimitent des parcelles de 210 × 210 cm.

En gris : surfaces occupées par le chiendent lors de la dernière observation, quelle que soit la date de colonisation. En noir : surfaces abandonnées, quelle que soit la durée d'occupation et la date d'abandon.

Le caractère continu des surfaces ne signifie pas que le chiendent y soit en peuplement pur : il est le plus souvent mêlé à l'espèce hôte.

Le fragment initial de chiendent avait été implanté sur la médiane horizontale de chaque parcelle, à peu près au 1/5e de sa longueur en partant de la gauche. Il n'avait pas été sorti de son godet d'élevage mais une face de ce godet avait été coupée avant plantation, afin d'orienter la direction d'allongement des premiers rhizomes. Le côté ouvert avait été tourné vers la droite.

Expansion, zonation annulaire et sénescence des touffes

L'expansion des touffes est lente et assez systématiquement centrifuge, même au-delà des premières saisons de végétation, contrairement à celle des taches (voir plus haut). Cela a des conséquences importantes sur la dynamique spatiale de la colonie de talles. En entrant dans la touffe à partir du bord et en progressant vers le centre, la densité de talles est rapidement croissante. Elle atteint un maximum à une distance correspondant à 2 fois la distance colonisée annuellement par expansion radiale chez *Miscanthus sinensis* (Kobayashi et Yokoi, 2003a). Chez *Carex humilis*, une espèce morphologiquement très proche des graminées, le recrutement net de talles est supérieur dans les 2 centimètres périphériques des touffes à ce qu'il est plus à l'intérieur (Wikberg et Svensson, 2003). Dans les touffes d'alfa (*Stipa tenacissima*), les nouvelles talles dressées n'apparaissent qu'en périphérie, à l'extérieur de la zone moyenne porteuse des talles reproductrices (Sanchez et Puigdefabregas, 1994).

Quand la touffe est très jeune, ce qui vient d'être décrit comme une périphérie s'étend jusqu'au centre… Mais dès qu'une touffe est âgée de quelques années, la densité de talles est plus faible à l'intérieur. Quand le centre reste malgré tout occupé (figure 9.5), il est souvent qualifié de « sénescent », comme par Kobayashi et Yokoi (2003a) pour *M. sinensis*. L'impression de sénescence progressive que donne la baisse du nombre de talles sans dépeuplement total dans les zones intérieures de la touffe de cette espèce est pourtant certainement fausse si on l'envisage comme une sénescence des talles. Celles-ci semblent en effet ne vivre qu'un an (voir p. 94). C'est une baisse locale de la capacité de renouvellement qui est en cause. Le maintien durable de fortes densités locales dans les touffes semble nécessiter une intégration physiologique poussée, c'est-à-dire que l'essentiel de la concurrence s'effectue entre les fragments plutôt qu'entre les talles (Herben et Novoplansky, 2008).

Le plus souvent, le centre est complètement dépourvu de talles vivantes ; on le compare parfois à une tonsure de moine (Feldman *et al.*, 2007) ou à une couronne creuse (Derner *et al.*, 2004). La présence d'un centre mort s'observe sur 65 % des touffes de *Schizachyrium scoparium* de 8 ans, et sur la quasi-totalité de celles de 23 ans (Derner *et al.*, 2004). Un centre mort est peu visible en pleine saison de végétation car les feuilles des talles périphériques le cachent, mais quand la touffe a été nettoyée, il est manifeste (figure 9.6).

Que le centre de la touffe soit mort ou simplement clairsemé, le nombre de talles vivantes que celle-ci porte dépend d'abord de son périmètre à la base. Des touffes de dactyle de 5 à 30 cm de diamètre observées dans un groupe de prairies naturelles d'altitude portaient 5 à 7 talles/cm de circonférence (résultats de Duru, 1987, recalculés). Des touffes de *Miscanthus sinensis* de périmètres compris entre quelques cm et 4 m, établies en sous-bois et plus ou moins pâturées, portaient entre 0,4 et 1 talle/cm de périmètre lors de diverses observations sur plus de 2 ans (Hirata *et al.*, 2007).

Noble *et al.* (1979) et Jelinski *et al.* (2001) ont classé les anneaux concentriques successifs de très grandes touffes de *Carex* en « juvénile », « mature », « vieillissant » et « sénescent-inactif », suivant les âges de la vie d'une plante proposés par Watt (1947). Jelinski *et al.* (2001) ont établi leur classement à partir de différences cohérentes de hauteur des pousses et de densités de tiges. Ils ont ainsi été amenés à reconnaître des anneaux « vieillissants » intercalés entre des anneaux « matures »

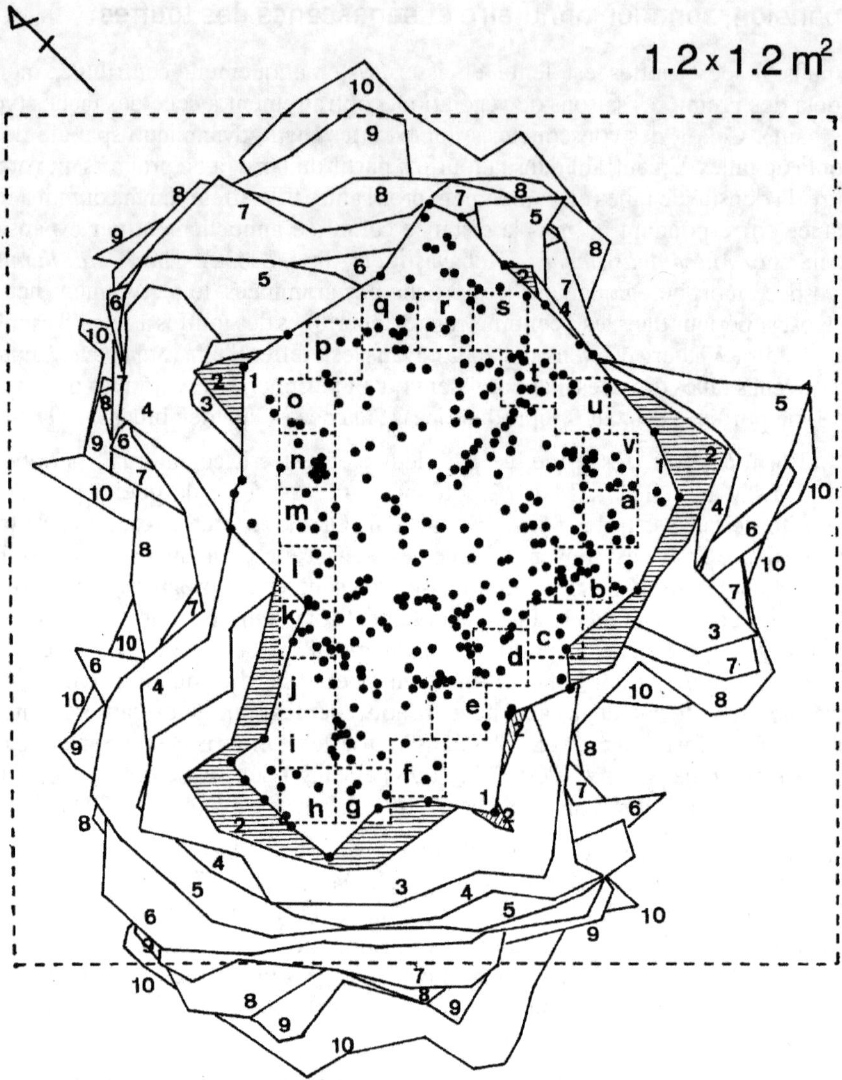

Figure 9.5. Expansion annuelle sur 9 ans et zonage d'une grande touffe de *Miscanthus sinensis*. D'après la figure 1 de Kobayashi et Yokoi, 2003a.

Les gros points noirs sont les talles présentes lors de l'observation initiale. Le contour initial de la touffe est la ligne 1 qui joint ses talles les plus extérieures lors de cette première observation. Les carrés en pointillés localisent les 22 quadrats de 8 × 8 cm installés à ce moment-là. Les lignes enveloppantes sont les contours de la touffe lors de chaque observation annuelle ultérieure.

Trois zones ont été définies pour le suivi de la population intérieure : les quadrats (1 408 cm²), la zone centrale qu'ils entourent (1 552 cm²) et la zone qui était périphérique lors de la 2e observation, c'est-à-dire la surface de 1re année autour des quadrats plus la zone grisée (1 428 cm²). Sur la période d'observation, la densité de la zone la plus centrale décroît exponentiellement d'environ 9,7 talles/dm² jusqu'à 1,3 talles/dm². La dynamique est la même pour les autres zones, sauf que leur densité commence par croître entre la 1re et la 2e année pour la zone des quadrats et par croître entre la 1re et la 2e année puis rester assez stable jusqu'en 4e année pour la zone anciennement périphérique.

Figure 9.6. Un exemple de touffe à centre mort.

Une touffe d'herbe de la pampa dans un jardin public en France : repousse de printemps après un nettoyage en sortie d'hiver. Photo M. Lafarge.

En haut, aspect général de la touffe (photo noir et blanc normale) En bas, sous un autre angle et après traitement de l'image, le centre mort et les gaines mortes des talles apparaissent en gris très clair. Au milieu, l'objet rectangulaire blanc et gris moyen est un mètre plié d'une longueur de 23 cm.

dans les plus grandes touffes. Noble *et al.* (1979) ont tenté de contrarier la perte de vigueur des zones autres que juvéniles en fertilisant les touffes : le résultat a surtout été un accroissement de la vitesse de remplacement local des talles. Dans les deux études, le centre à peu près mort était de toute petite taille, peut-être en relation avec une structure à rhizomes persistants.

Dans les études sur vraies graminées que nous avons pu consulter, le rapport entre la taille du centre mort et celle de la touffe entière mettait en œuvre des unités incohérentes — le rapport du diamètre du creux à la surface basale de la touffe pour *Schizachyrium scoparium* (Derner *et al.*, 2004) ou celui de la surface sénescente au diamètre maximal de la touffe de *Spartina argentinensis* (Feldman *et al.*, 2007). Même si des raisons pratiques peuvent justifier ces choix, ces rapports n'ont aucune chance de révéler un trait de structure commun entre touffes de tailles différentes. Si on convertit manuellement les surfaces indiquées dans ces articles en diamètre d'un cercle équivalent, on peut estimer que le diamètre de la zone morte était proportionnel au diamètre de la touffe complète dans la gamme des tailles observées. Ainsi, un peu plus de 10 % du diamètre de la touffe serait occupé par le centre mort chez *S. argentinensis* et 35 % chez *Schizachyrium scoparium*. La largeur de l'anneau actif augmenterait ainsi avec la taille de la touffe… Cela peut s'expliquer par la présence de talles contemporaines ayant connu des déplacements horizontaux différents au cours de leur vie, comme chez les *Carex* étudiés par Wikberg et Svensson (2006).

L'anneau actif des touffes à centre mort est sujet à fragmentation en fonction des conditions microlocales. Une fragmentation en plusieurs segments peut être le prélude à une sénescence complète de la touffe (Gatsuk *et al.*, 1980) ou à la régénération de nouvelles touffes (Lord, 1993).

Dynamique d'évolution vers un centre mort

L'expansion de la touffe étant centrifuge, au fil de la saison de croissance une talle née en bordure se retrouve de plus en plus à l'intérieur de l'anneau de végétation. Après un hiver, une partie de ces talles deviennent reproductrices et meurent par coupe ou après émission de leurs graines. Des talles végétatives vont aussi mourir. Dès qu'on se trouve à une distance du bord telle que les talles nées sur ce front pionnier s'approchent de leur durée maximale de vie, le maintien d'une végétation active suppose la poursuite du tallage. En zone dense, les signaux lumineux de voisinage (voir p. 55) doivent être très défavorables à un tallage axillé synchrone. Le tallage à partir de bourgeons dormants dépend des ressources auxquelles une talle mère ou un rhizome persistant aura pu accéder.

Pour l'accès à la lumière, les talles reproductrices sont bien placées, avant de devenir éventuellement épuisantes quand elles forment leurs graines (voir p. 80). Pour les talles végétatives, la concurrence des talles reproductrices qui les dominent, la densité de peuplement et la présence de limbes morts sont gênants.

Si on suppose le sol aussi fertile en tous points de la touffe et de sa périphérie, une talle entourée de voisines de tous côtés est soumise à une concurrence considérablement plus intense qu'une talle située sur un bord. La mort du centre crée un bord qui pourrait aider les talles qui en sont proches à se renouveler et donc à freiner l'extension de la zone morte. Néanmoins, ce bord est concave. Les racines s'y chevauchent beaucoup plus que dans la périphérie de la touffe. Même si chaque talle dispose d'une auréole de racines suffisamment large pour lui permettre d'accéder à toutes les zones de la touffe et à l'espace extérieur supposé sans concurrentes, les talles de l'intérieur occuperont moins de volume de sol dans cet espace extérieur que les talles du front pionnier. Dès lors que l'intégration physiologique serait faible ou nulle entre talles du front pionnier et talles intérieures, celles-ci auraient très peu de chances de se renouveler. Par contre, dans un milieu pauvre où la touffe enrichit le sol sous elle (voir p. 130), des talles centrales peu nombreuses et éloignées de l'anneau actif pourraient bénéficier de ressources suffisantes.

La mort des talles s'accompagne d'accumulation de limbes, de bases de tiges et de gaines mortes. Dans les savanes sèches, les feux, naturels ou provoqués, éliminent facilement les limbes morts et relancent le tallage, mais surtout en périphérie des touffes (Sarmiento, 1992). Même nettoyés, les centres morts restent encombrés de bases de gaines et de tiges mortes qui constituent un obstacle mécanique à une reconquête. Chez l'alfa, l'accumulation centrale de tissus morts empêche d'éventuelles filles des talles encore vivantes près du centre de se coucher et de toucher le sol, et donc de s'enraciner (Sanchez et Puigdefabregas, 1994). Les amas de résidus morts doivent s'opposer à la réinitialisation directe de touffes arrondies à partir de segments d'anneau.

Possibilités de renouvellement des talles en zone centrale

Ce qui précède montre que la sénescence du centre d'une touffe est la conséquence naturelle et à peu près obligatoire de l'expansion centrifuge d'une colonie dense, au moins quand l'intégration physiologique entre talles est faible. Pour éviter la formation d'un centre mort dès que la durée maximale de vie des talles de l'espèce est atteinte, il faut un renouvellement des talles loin des structures actives de la périphérie. Théoriquement, l'entretien d'un centre peuplé serait cohérent avec une stratégie « phalange », censée maintenir l'occupation locale. En pratique pourtant, le centre mort ne semble pas plus envahi de plantules que la périphérie dense et active tant qu'il est encore encombré de résidus (Wikberg et Mucina, 2002). Ce ne sera le cas que plus tard…

Deux cas de figure nous semblent permettre le renouvellement des talles en zone centrale :
− il pourrait exister des rhizomes très persistants et assez longs avec une stratégie d'intégration physiologique favorable au soutien de talles mal placées par rapport à la capture des ressources, que ce soit la lumière ou les nutriments. Un renouvellement se ferait par des bourgeons de la base, vieux, dormants depuis longtemps, quand les talles de l'extrémité du rhizome auraient pu apporter au rhizome des quantités de ressources suffisamment élevées. Une talle émise plus à l'intérieur que l'anneau en sénescence pourrait rencontrer des conditions moins défavorables et survivre, taller et produire une remplaçante. Jusqu'à la production de cette éventuelle remplaçante, la structure source de talles demeurerait au même niveau qu'en début de croissance, c'est-à-dire en dessous des résidus encombrant le centre mort ;

– certains rhizomes persistants pourraient émettre par leur base des ramifications ne respectant pas la direction centrifuge de croissance. Ces rhizomes s'installeraient dans la couche supérieure de l'amas de résidus morts plutôt que sous lui. Ils mettraient ainsi leurs éventuelles talles filles en situation favorable pour la lumière. En conditions suffisamment humides, les racines issues des nœuds de ces rhizomes et de leurs talles filles atteindraient assez facilement le sol. Au moins une partie de ces talles pourraient survivre puis taller ou produire de nouveaux rhizomes courts poursuivant une reconquête au moins partielle.

On observe des touffes à profil quasi hémisphérique en pâturages sous-exploités dans des régions froides. Leur centre saillant est peuplé de talles vivantes. Parmi les espèces formant de telles touffes, on peut citer *Nardus stricta* en altitude en Auvergne (Loiseau, 1977) et *Cordateria pilosa* aux îles Malouines (Davies *et al.*, 1990). On ne dispose d'aucune observation permettant de comparer les densités du centre et de la périphérie de telles touffes. Loiseau (1977) a montré qu'un pâturage ovin, même fortement chargé, ne réduisait pas les touffes de *N. stricta*. Il rend simplement leurs contours plus nets par rapport à la végétation environnante. En revanche, une fauche annuelle à une hauteur telle que tous les limbes vivants soient enlevés réduit nettement la taille des touffes et en augmente le nombre. L'effet est particulièrement marqué quand la coupe a été faite au milieu de la saison de végétation. On l'interprète facilement par une fragmentation consécutive à la destruction mécanique du centre où les bases de talles devaient se situer nettement au-dessus du sol. L'individualisation rapide de petites touffes laisse penser que la base morte du centre saillant était déjà assez décomposée. On se trouverait alors dans un cas où la réoccupation du centre était assurée par des structures recouvrant un amas de tissus morts.

Effet des touffes sur le milieu

La densité de racines sous une touffe facilite la formation d'un monticule de terre qui va la rehausser petit à petit, particulièrement en conditions extrêmes. Sur le sable de dunes fixées observées au pays de Galles, *Arrhenaterium elatius* provoque la formation de monticules visibles (Gibson, 1988). Dans un milieu pauvre, une touffe enrichit le sol sous elle (figure 9.7) par accumulation locale de racines mortes. L'enrichissement local persiste après qu'un pâturage intensif a détruit les touffes et nivelé les monticules qu'elles avaient formés (Gibson, 1988).

En zones très humides comme les estuaires, le rehaussement de la touffe par croissance clonale sur les sédiments piégés sous elle lui offre des conditions mieux drainées (*Ischaemum aristatum*, Yabe, 1985 ; *Spartina anglica*, van Hulzen *et al.*, 2007). En zones semi-arides, l'alfa (*Stipa tenacissima*) constitue une touffe circulaire sur un monticule régulier en terrain plat, alors que, sur une pente, des sédiments s'accumulent du côté haut et que la touffe ne pousse que vers le bas et prend plutôt la forme d'une banane (Sanchez et Puigdefabregas, 1994). La touffe d'alfa améliore significativement la teneur du sol en matière organique, en phosphore disponible et la capacité d'infiltration de l'eau sous elle par rapport aux zones voisines en sol nu (Kaouthar et Chaieb, 2009)

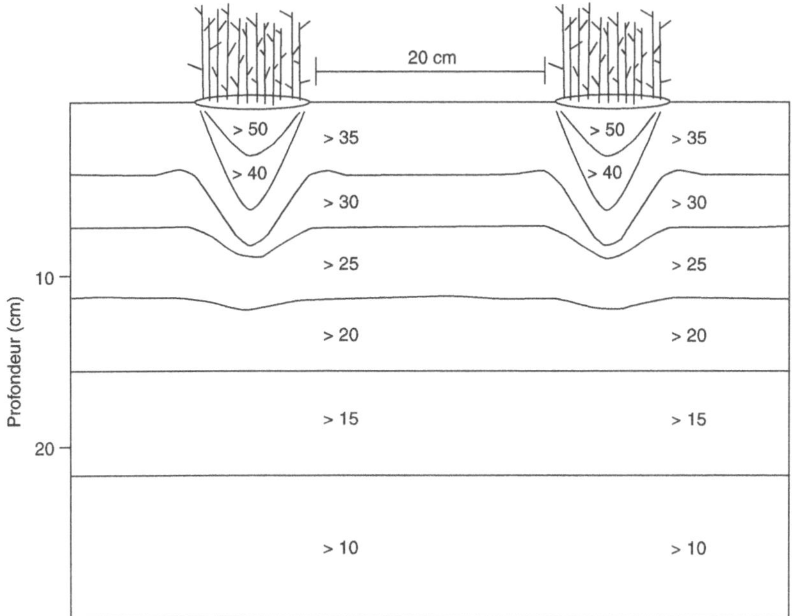

Figure 9.7. Quantité de carbone organique (en g/kg de sol) selon la profondeur, sous et entre deux touffes de *Schizachyrium scoparium*, en moyenne de 10 paires de touffes observées en végétation non pâturée dans le Kansas. D'après la figure 4.5 de Briske et Derner, 1998.

En marais (Yabe, 1985) comme dans des dunes (Gibson, 1988), le rehaussement favorable à l'espèce qui l'a provoqué crée aussi un site d'accueil pour d'autres espèces.

▸▸ Dynamique des structures par enterrement

L'enterrement profond

Le labour profond d'une prairie en vue d'un semis n'aboutit presque jamais à la disparition complète des graminées présentes jusque-là, sauf si l'espèce semée s'avère ensuite très agressive envers les repousses. Ces repousses sont bien connues avec les rhizomateuses, notamment quand le travail du sol a fragmenté les rhizomes. Le chiendent (*Elytrigia repens*) repousse encore à 30 cm de profondeur, au moins à partir de quelques fragments, pourvu que ceux-ci dépassent 30 cm de long (Hakansson, 1971). *Agrostis castellana* n'y parvient plus à 20 cm quand les fragments ont 8 nœuds, et dès 7,5 cm quand ils n'en ont que 3 (Batson, 1998).

Les cespiteuses repoussent aussi. Olszewska et Wielicka (1978) ont observé diverses espèces comme *Dactylis glomerata, Deschampsia caespitosa, Phleum pratense, Holcus lanatus* après un labour à 35-40 cm de profondeur, ainsi que dans une prairie en place recouverte de 40 cm de sable. Dans les deux traitements, des tiges portées par des nœuds des anciennes touffes ont poussé à peu près verticalement. L'extrémité de chacune des tiges qui ont réussi à parvenir à la surface a ensuite développé un nouveau système de pousses aériennes avec leurs propres racines.

Les observations en végétation non perturbée

On retrouve très souvent, plusieurs centimètres en dessous de la surface du sol, des structures qu'on doit reconnaître comme identiques aux bases de talles ou de groupes de talles observées habituellement près de la surface. Une tige formée d'entrenœuds végétatifs allongés relie ces structures à des bases normales de talles vivantes, près de la surface (cf. figure 8.4 sur dactyle ; voir aussi Harris *et al.*, 1979, sur *Lolium perenne*).

Les mouvements de la surface du sol

En dehors des taupinières, qui enterrent profondément la végétation d'une petite surface, les enterrements profonds peuvent être dus à un alluvionnement en prairies de bords de fleuves, ou à des dépôts éoliens en milieux semi-arides. En prairies non perturbées, un phénomène peu visible affecte lentement mais uniformément toute la surface : c'est la remontée de terre par les déjections des vers de terre, particulièrement en climats océaniques en hiver (Syers *et al.*, 1979 ; Korte et Harris 1987 ; Matthew *et al.*, 1989). La remontée peut être de l'ordre de 2 cm, et c'est un matériau riche en éléments minéraux disponibles.

Mécanisme de la réponse à l'enterrement

L'allongement d'entrenœuds sur talles végétatives répond au signal déclenché par la mise à l'obscurité de leurs gaines (voir p. 28). Les entrenœuds allongés sous terre prennent une disposition des tissus analogues à celle des rhizomes, même pour les espèces cespiteuses (Olszewska et Wielicka, 1981), sans doute pour les raisons invoquées pour une telle anatomie par Jernstedt et Bouton (1985), à savoir le faible développement des feuilles que ces axes portent. L'allongement repositionne les apex survivants près de la surface du sol. Les nœuds jeunes arrivés au stade où leur bourgeon peut être mis en croissance vont porter des talles filles ; il se reconstitue alors de nouveaux bouquets. On obtient des fragments à plusieurs bras distincts (Harris *et al.*, 1979) avant que la nécrose des parties basales ne les sépare. Quand les alluvions sont de mauvaise qualité physique après ressuyage (limons), elles peuvent interdire l'émergence des points végétatifs qui sont remontés vers la surface (Olszewska et Wielicka, 1978) mais elles n'interdisent pas l'allongement préalable des entrenœuds végétatifs.

Conséquences pour la dynamique spatiale des plantes et des fragments

L'allongement des entrenœuds végétatifs va faciliter la dispersion des talles sur la surface, et donc ouvrir les structures initialement serrées. C'est une contribution à l'expansion horizontale de clones répondant bien à l'enterrement dans les espèces cespiteuses (Harris *et al.*, 1979 ; Olszewska et Wielicka, 1978).

Sur des touffes à centre mort arrivées à un stade où l'anneau se fragmente (voir plus haut), un enterrement assez modéré peut recouvrir les tissus morts du centre et faire monter les apex des talles vivantes voisines au niveau de la nouvelle surface. La reprise de l'émission de nouvelles talles du côté de l'ancien centre est alors possible. Un tel enterrement est sans doute la condition pour que des fragments d'anneau puissent devenir le centre de nouvelles touffes (Lord, 1993), surtout dans le cas où l'espèce privilégie le tallage axillé.

Cas particulier de l'enterrement de la base des talles reproductrices

Les talles portées au-dessus du sol par l'allongement des premiers entrenœuds des talles reproductrices sont des talles aériennes (voir p. 78). Elles sont incapables d'émettre des racines, sauf conditions particulières d'humidité locale. Un enterrement de quelques centimètres leur permettra toutefois de s'enraciner (voir Korte et Harris, 1987) et de taller à leur tour (Matthew *et al.*, 1989). Il n'y a pas eu de réponse active de la plante à l'enterrement. Les talles aériennes se sont simplement passivement retrouvées en situation de croître normalement.

▸▸ Les anneaux à centre ouvert : structures clonales ou non ?

Généralités et facteurs environnementaux

On qualifiera d'« anneaux à centre ouvert » les structures circulaires de végétation dont la zone centrale n'est pas occupée par des résidus apparents. Cette zone peut être couverte d'une végétation (plus rase que celle de l'anneau) ou entourer un sol nu identique à celui qu'on trouve à l'extérieur. Certains anneaux à centre ouvert se sont formés autour de termitières ou de buissons, disparus depuis, mais ayant offert un abri et/ou un surcroît de ressources. Ceux qui ont été observés par Soriano *et al.* (1994) dans la steppe de Patagonie rassemblent plusieurs plantes d'une même espèce de graminée. L'anneau se désagrège vite après la disparition de ce qui l'a créé, sauf si le milieu l'entretient.

En milieux semi-arides, une plante en place a un effet positif sur l'infiltration de l'eau au détriment de sa périphérie (HilleRisLambers *et al.*, 2001) et en bénéficie en retour. À l'échelle du paysage, ce phénomène aboutit à une végétation en bandes

(« brousse tigrée » ; Valentin *et al.*, 1999), ou en taches circulaires isolées pouvant devenir des anneaux. Le phénomène est modélisable à n'importe quelle échelle spatiale en utilisant différents paramètres de distribution spatiale de l'eau dans le sol, sans faire appel à aucun caractère morphologique ou de développement des plantes (Gilad *et al.*, 2007). L'existence préalable d'une touffe ou d'une tache n'est pas nécessaire : plusieurs plantes indépendantes peuvent se rassembler en un anneau entretenu plus ou moins durablement par la dynamique de l'eau. Néanmoins, après l'observation d'anneaux formés par diverses graminées de steppe nord-américaine, Ravi *et al.* (2008) ont conclu à une interaction entre les conditions hydrologiques, la dynamique d'expansion clonale d'une vraie touffe et l'enrichissement qu'elle réalise progressivement sous elle.

Les anneaux monoclonaux

Les anneaux monoclonaux de graminées doivent être le plus souvent des touffes à centre mort qui se retrouvent plus ou moins régulièrement enterrées par des remontées de terre, ou par des sédiments éoliens en zones semi-arides (Sanchez et Puigdefabregas, 1994 ; Ravi *et al.*, 2008). Dans ces régions, la nécrose centrale, dynamique normale de l'évolution d'une touffe, serait renforcée par la dynamique de l'eau évoquée ci-dessus. Après enterrement, cette dynamique de l'eau pourrait avoir pour conséquence l'interdiction de la recolonisation du centre, même après que le contact de talles vivantes avec de la terre a été rétabli au centre de l'anneau.

▸▸ Faciès de végétation des graminées selon le rythme et l'intensité d'exploitation

En végétation « naturelle », c'est-à-dire avec un passage occasionnel d'animaux, les formes décrites ci-dessus sont manifestes : de grosses touffes denses et des taches étendues, plus ou moins lâches et régulières. Elles dominent ce qui semble un tapis ras et discontinu, constitué en fait de touffes et de taches d'espèces plus petites.

Sous pâturage intensif ou en régime de 3 à 5 fauches/an entre 3 et 10 cm au-dessus du sol, une végétation de graminées apparaît comme un peuplement de feuilles de hauteurs assez voisines et assez régulièrement réparties sur la surface. C'est ce qu'on peut nommer une « prairie agricole ». En Écosse, dans des prairies à base de ray-grass en place depuis plusieurs années et régulièrement pâturées par des moutons, des bovins ou des chèvres à une hauteur cible de 8 à 9 cm, le coefficient de variation (écart-type/moyenne) de la hauteur d'herbe mesurée au *stick* HFRO* s'est établi entre 22 et 28 % pour 500 mesures sur des transects de 100 m comme pour 200 mesures sur des transects de 10 m, quel que soit le type d'herbivore (Hutchings, 1991). Quand des touffes existent, elles sont peu visibles. À échelle fine dans de telles prairies, il subsiste toujours des zones de sol nu (voir p. 140). Quand l'exploitation laisse monter les talles reproductrices, l'hétérogénéité est plus importante, aussi bien en hauteur que sur la surface. Les densités maximales s'établissent entre 5 000 et 20 000 talles/m², selon les espèces.

Avec des tontes quasi quotidiennes vers 0,5 cm de hauteur, un roulage fréquent et une irrigation restituant au jour le jour l'évapotranspiration, on arrive au gazon ras, très régulier et effectivement continu d'un *green* de golf (Cattani *et al.*, 1996 ; Liu et Huang, 2002), pour peu que les espèces présentes supportent ce traitement… Parmi celles qui le supportent bien, on peut citer en premier lieu *Agrostis stolonifera*, puis *Poa pratensis*, *Poa annua*, et *Lolium perenne* (Lush et Franz, 1991), plus quelques autres comme *Cynodon dactylon* en régions méditerranéennes (Leto *et al.*, 2004). Ces noms montrent qu'il ne s'agit pas d'espèces spécialisées et cantonnées à ces conditions extrêmes : on les retrouve fréquemment ailleurs. Les densités maximales avoisinent 30 000 talles/m² pour les espèces « grossières », et 150 000 talles/m² pour *A. stolonifera* (Lush et Franz, 1991).

Les changements de rythme et d'intensité d'exploitation, dans un sens comme dans l'autre, provoquent la disparition de certaines espèces mais beaucoup subsistent, d'abord parce que les clones présents sont capables de développer les formes imposées par les nouvelles conditions d'exploitation : c'est la plasticité phénotypique. Dans une population complexe, l'intensité d'exploitation sélectionnera des écotypes mieux adaptés aux nouvelles conditions (Lopez *et al.*, 2009 ; Leto *et al.*, 2004).

Chapitre 10

Les brins d'herbe
dans l'espace du peuplement

▸▸ L'orientation de croissance des talles

Comme toute pousse aérienne, les talles poussent normalement vers le haut, vers la lumière. Pourtant, elles sont généralement plus ou moins obliques, au départ sans doute pour s'éloigner de leur mère, ensuite en fonction des conditions, notamment de pâturage. Les talles d'extrémité de stolons sont sans doute plutôt obliques (Beltrano *et al.*, 1999) alors que les talles d'extrémité de rhizomes sont plutôt dressées. La croissance oblique facilite aussi le maintien de l'apex au niveau du sol malgré l'accumulation de nouveaux phytomères adultes. Une croissance oblique entraîne le déplacement progressif du point végétatif sur le plan horizontal (Wikberg et Svensson, 2003). À part celles qui sont produites par des extrémités de rhizomes, des talles nettement verticales sont exceptionnelles. On considère comme « dressées » des talles dont la gaine fait un angle entre 60 et 90° par rapport à l'horizontale.

En prairies, les talles de *Paspalum dilatatum* sont prostrées quand le pâturage est fréquent (Ayala Torales *et al.*, 2000), et celles de *Lolium perenne* font un angle de plus en plus faible avec l'horizontale en même temps que la fréquence du pâturage augmente (Thom, 1991).

Kydd (1966) a observé l'effet de 2 niveaux de chargement en pâturage ovin rotatif sur une prairie de ray-grass initialement homogène. Au début de la conduite expérimentale, la plupart des talles de *Lolium perenne* avaient leur port dressé habituel. Quelques semaines après, la proportion de talles prostrées atteignait 90 % dans les parcs à fort chargement. Elle était inférieure à 20 % dans les parcs à chargement faible. À la maille d'observation requise pour distinguer ces talles, Kydd a pu voir que les plantes différaient radicalement entre elles. Le plus souvent, toutes les talles d'une plante étaient soit dressées, soit prostrées. Les plantes à talles prostrées semblaient avoir été broutées jusqu'au niveau du sol à plusieurs reprises.

En pots sous serre, un piétinement artificiel fait passer l'orientation de croissance des talles de jeunes plantes de *Dactylis glomerata* d'« érigée » (65 °) sur les témoins à « prostrée » (25-30 °) quand les plantes ont subi une pression pendant 20 secondes tous les 5 jours à 7 reprises, que la pression exercée ait été de 2, 5 ou 10 kg/cm² (Hongo et Oinuma, 1998).

Indépendamment du piétinement et du broutage, on observe couramment des talles prostrées en périphérie des touffes, notamment de touffes jeunes. L'orientation d'une talle dépend aussi de conditions internes. En espèce stolonifère, elle est moins dressée quand sa teneur en sucres non réducteurs est plus élevée (Beltrano *et al.*, 1999 sur *Paspalum vaginatum*).

▸▸ Où se trouve une talle ?

Les volumes occupés par les parties d'une talle et leur imbrication entre voisines

Les limbes des feuilles ont une largeur centimétrique et une longueur de 1 à quelques décimètres. Le vent et les animaux les déplacent sans cesse et ils se mélangent aux limbes des talles voisines. Sauf marquage, ils ne peuvent permettre de localiser une talle. Horizontalement, ils ne peuvent être utilisés que pour localiser des espèces différentes dans un couvert (Raventos et Silva, 1988). À l'opposé, les points végétatifs de talles voisines sont clairement séparés dans l'espace, quand on arrive à les voir *in situ*… En espèces tempérées (festucoïdes), ils ne doivent guère dépasser le millimètre cube (Wilman *et al.*, 1994). Les gaines, elles, font quelques millimètres de diamètre et quelques centimètres de longueur et sont facilement distinguables entre talles.

En bonnes conditions de croissance et de sol, les racines issues d'une talle de la plupart des graminées tempérées atteignent 1 m de profondeur en 3 mois et la moitié de leur poids se localise dans les 10 cm superficiels (voir p. 44 ; Crush *et al.*, 2005). Horizontalement, l'expansion des racines se mesure en décimètres à partir de leur point d'origine sur une talle (d'après notamment les observations de He, *et al.*, 2004). Entre talles, leur imbrication est parfaite : l'expansion de l'enracinement à partir d'une touffe (voir Hook *et al.*, 1994) n'excède guère celui d'une talle isolée. Les localisations de racines ne peuvent servir qu'à distinguer des zones qu'occupent des espèces différentes (Pechackova *et al.*, 1999).

Localisation d'une talle

L'enracinement et le volume balayé par le feuillage sont les parties de l'individu les plus signifiantes pour la concurrence, mais elles sont impossibles à distinguer entre talles. L'apex est le point vital de l'axe, fixe dans l'espace à l'échelle de temps d'une observation, mais on ne peut pas le voir sans perturbation grave. Le rouleau de gaines est bien individualisé, facile à voir sans perturbation ; il tient le rôle important de récepteur de signaux (voir p. 60), mais sa position n'est bien déterminée qu'au niveau de l'apex. Plus on s'éloigne de l'apex, plus la position de la gaine est différente de celle de l'apex (obliquité), et elle est aléatoire (flexibilité). La plupart des études de position de talles sur une surface procèdent par comptage, maille par maille, des gaines (ou d'un limbe dressé dans son prolongement) qui traversent une grille horizontale établie légèrement au-dessus du sol (Herben *et al.*, 1993b et 1995 ; Lafarge et Loiseau, 2002 ; Wildova *et al.*, 2007b). Une telle observation n'est pas une localisation individuelle des talles mais la détermination d'autant de densités microlocales de peuplement qu'il y a de mailles sur la grille, la position des mailles et la hauteur de la grille étant déterminées *a priori* et arbitrairement.

D'autres méthodes d'enregistrement spatial existent, plus modernes que la grille et qui permettraient en principe une vraie localisation individuelle, sans évacuer son incertitude :
– l'enregistrement numérisé en 3D de la position d'un capteur dans des champs magnétiques décroissants avec la distance à leur source. En appliquant ce capteur sur chaque talle l'une après l'autre, on obtient la position dans l'espace du point de la talle où le capteur a été appliqué, ainsi que l'orientation de croissance de la talle si le capteur a été placé dans ce sens. L'étude de taches de chiendent citée plus haut (p. 119 à 122, et figures 9.1 à 9.4) a mis en œuvre une localisation des talles par cet outil. Bien qu'individuelle, la position obtenue n'est pas nécessairement meilleure. L'opérateur ne peut jamais placer le capteur de la même façon par rapport à la talle, et la position en hauteur du point de mesure est plus difficile à garder constante qu'avec une grille. L'éloignement par rapport à la source des champs magnétiques déforme l'espace. Avant toute analyse des données, les positions enregistrées doivent être corrigées à partir des positions connues de points fixes ;
– après une coupe, la télédétection rapprochée (voir España et al., 1999) pourrait permettre la localisation précise des gaines des talles par triangulation à partir de points de référence, mais nous n'avons pas trouvé d'étude la mettant en œuvre.

▸▸ Observations et simulation de distributions horizontales de talles

Distribution des talles de différentes espèces en prairies naturelles

En prairies naturelles d'altitude, Herben *et al.* (1995) ont cherché à objectiver le caractère plus ou moins groupé ou dispersé des talles de différentes espèces. Pour chaque espèce, ils ont calculé les autocorrélations spatiales entre cellules voisines puis de plus en plus éloignées (« Moran's I » — voir Legendre et Fortin, 1989). Ils ont retrouvé des autocorrélations fortes à faible distance pour des cespiteuses comme *Nardus stricta*. Ils ont surtout constaté qu'en parcelles pauvres en espèces, la plupart des espèces avaient des ramètes plus groupés que dans les parcelles riches en espèces, pour celles où la comparaison était possible.

Structure horizontale fine de peuplements purs fauchés

Des prairies de fétuque élevée avaient été semées soit 6 ans, soit 2 ans avant le début des observations. Elles recevaient soit 150, soit 350 kg N/ha/an et étaient fauchées 4 fois par an à 5 cm. Dix placettes permanentes ont été repérées dans chaque traitement élémentaire avant le début d'une série de 8 observations sur 2 ans. Après chaque coupe, un grille de 10×15 mailles carrées de 2×2 cm a été mise en place sur les repères de chaque placette, et les talles vivantes ou juste décapitées apparaissant dans chaque maille ont été comptées (Lafarge et Loiseau, 2002).

La densité moyenne par traitement élémentaire a varié entre 30 et à peine plus de 50 talles/dm^2, en fonction de la fertilité et des différences climatiques entre les 8 dates d'observation. Entre placettes dans un traitement élémentaire, le coefficient de variation est resté faible — entre 5 et 20 % — sans effet significatif des traitements. Toujours sans effet significatif des traitements, la variabilité entre mailles intraplacette a été considérablement plus élevée (cv = 80 à 100 %).

Bien que les placettes aient été petites (20×30 cm), elles ont toutes révélé à chaque date la coexistence de microsurfaces parfaitement vides avec des microsurfaces à haute densité, définie arbitrairement comme 4 talles de fétuque ou plus par cellule de 2×2 cm, c'est-à-dire environ le double des plus fortes densités moyennes observées au niveau des placettes entières. Les surfaces vides ont représenté environ 15 à 30 % de la surface des placettes, sans effet significatif de l'âge des prairies, à aucune date, contrairement à ce qui était attendu. C'est par la proportion de cellules à haute densité que les traitements expérimentaux ont différencié leurs densités moyennes. Les autocorrélations spatiales ont toujours été positives entre une cellule et ses voisines immédiates et toujours nulles avec les cellules qui entouraient ces dernières. Les talles de fétuque se sont montrées significativement groupées, mais seulement sur un rayon de ne dépassant pas 2 cellules.

Au-delà de quelques effets significatifs mais marginaux du dispositif expérimental (voir l'analyse de ces effets dans Lafarge et Loiseau, 2002), il nous semble qu'on doit surtout retenir l'existence d'une structure de peuplement hétérogène à échelle fine, même dans des prairies fauchées plutôt intensives. On peut aussi en conclure qu'une grande variabilité à échelle fine se résout en une certaine stabilité à une échelle plus large, comme pour les remplacements d'espèces observés par Herben *et al.* (1993b).

Dynamique de la structure horizontale en peuplements fauchés

Dans les observations rapportées ci-dessus, une forte hétérogénéité de la distribution horizontale des talles de fétuque s'est globalement maintenue dans toutes les placettes tout au long des 2 ans d'observation, mais les cartes différaient entre dates (Lafarge et Loiseau, 2002). La dynamique de la distribution horizontale des talles a été caractérisée par différentes méthodes (Lafarge, 2001).

Après un lissage des densités locales entre cellules immédiatement voisines (voir légende de la figure 9.1), les différences de densités ont été calculées cellule par cellule entre observations successives. La dynamique de chaque placette a été caractérisée par des fréquences de classes de différences. Entre observations successives, les histogrammes ont présenté une allure gaussienne centrée sur les différences à peu près nulles. Cela évoque une stabilité à court terme, mais cette stabilité n'a jamais concerné plus de 50 % des cellules et celles-ci n'avaient aucune raison d'être dans la même classe la fois suivante.

Une analyse en composantes principales a révélé un fond stable de structure entre les 8 observations, ainsi que des changements marqués entre les premières observations de 1re année et les dernières de 2e année. Ceci correspond bien à l'espérance de vie des talles de fétuque élevée (voir p. 94). Le fond stable de structure a ensuite été défini comme l'ensemble des cellules durablement denses ou durablement claires dans chaque placette. Il couvre la moitié des cellules.

Modélisation spatialisée de la distribution horizontale des talles

Les connaissances acquises sur l'architecture des bouquets de talles (figure 5.3), le tallage (figure 5.6) et son contrôle (voir p. 55) ainsi que sur la mort des talles (voir p. 94) peuvent déboucher sur une simulation des distributions horizontales de talles dans un peuplement au cours du temps. Le modèle Sistal (Lafarge *et al.*, 2005 ; Mazel *et al.*, 2005) est basé sur les règles du développement végétatif des talles individuelles et sur le contrôle de celui-ci par des signaux de voisinage et par le milieu. Après sa naissance, la survie quotidienne de chaque talle est aléatoire avec une probabilité liée à son âge.

Chaque talle est vue comme un point sur une surface, c'est-à-dire qu'on l'assimile à une gaine verticale. L'ombrage par le feuillage et l'accès à l'azote du sol sont uniformes sur la surface simulée, ce qui implique que celle-ci soit petite (quelques dm²) et qu'on ne simule qu'une seule espèce. Le calendrier d'ombrage donné en entrée mime des croissances saisonnières et des repousses entre coupes. Le calendrier de l'azote disponible par unité de surface mime des apports d'engrais, leur consommation par une croissance arbitraire et l'effet de sécheresses saisonnières. Un calendrier de températures est aussi donné en entrée.

Chaque talle vivante a une durée individuelle de phyllochrone, légèrement différente de celle des autres. Ces durées sont définies en temps thermique. Chaque fois que le calendrier amène une talle à la fin de son phyllochrone, on définit autour d'elle une fenêtre de voisinage, carrée (figure 10.1.A). Les autres talles présentes dans cette fenêtre sont les voisines de la talle cible, celle qui vient d'atteindre une échéance phyllochronique. Deux valeurs vont alors être calculées pour décider si la talle cible met ou non en gestation une future fille :
– l'azote accessible par la talle cible. C'est simplement la quantité disponible ce jour-là divisée par le nombre de voisines ;
– l'enrichissement en rouge sombre au niveau de la gaine de la talle cible. C'est une combinaison du niveau d'ombrage lu dans le calendrier avec la fermeture de l'horizon (HC) calculée comme sur figure 10.1.B autour de la cible.

Quand l'enrichissement en rouge sombre est en dessous d'un plafond et quand l'azote individuellement accessible est supérieur à un seuil, une talle fille est mise en gestation. Dans les autres cas, on incrémente le stock de bourgeons dormants de la talle cible. Dans certaines conditions et un par un, ceux-ci pourront ultérieurement donner des talles de rhizome.

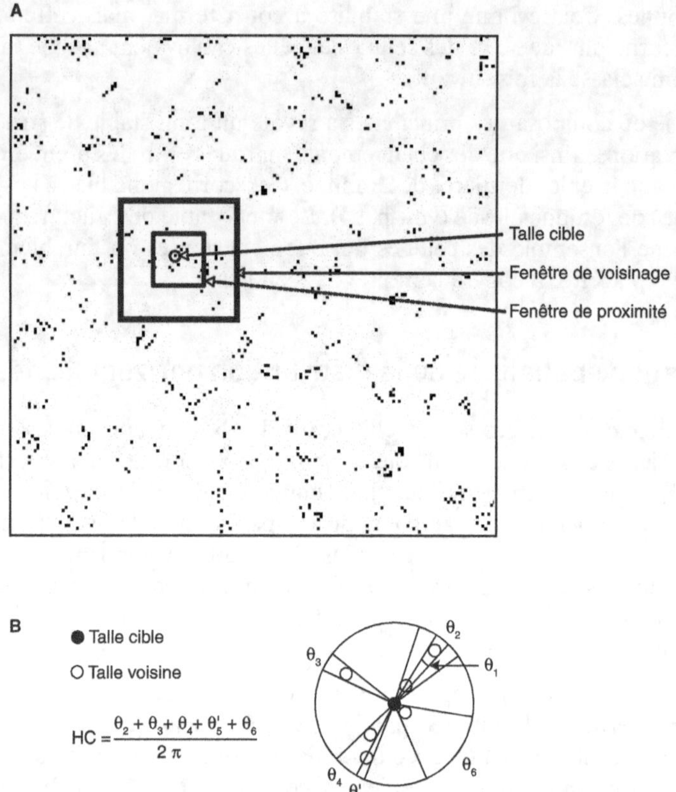

Figure 10.1. Perception spatialisée de l'environnement par une talle cible dans le modèle Sistal. D'après les figures 3 et 4 de Mazel *et al.*, 2005.

A. Fenêtres définies autour d'une talle au moment où celle-ci doit « décider » si elle mettra ou non une fille en gestation. L'azote du sol disponible est divisé par le nombre de talles présentes dans la fenêtre de voisinage. Ce sont ces talles qui sont prises en compte dans le calcul de la fermeture de l'horizon décrite en B. Les filles de la talle cible qui se trouveraient à l'intérieur de la fenêtre de proximité sont exclues du calcul de la fermeture de l'horizon pour respecter l'intégration physiologique entre une talle et ses filles les plus jeunes, lesquelles sont normalement les moins éloignées. Chaque point de la carte représente une talle vivante. Cette carte simulée mesure 42 × 42 cm.

B. Définition de la fermeture de l'horizon (HC) autour d'une talle cible. La fraction d'horizon couverte par une voisine tient compte de sa distance à la talle cible. Les fractions d'horizon couvertes par des talles éloignées et partiellement ou totalement cachées par des talles plus proches sont ignorées dans le cumul. Pour le calcul, les coordonnées angulaires des deux tangentes à chaque voisine sont établies, puis on ne retient que les secteurs couverts, quel que soit le nombre de talles qui s'y trouvent.

Quelles que soient les conditions à l'échéance, une talle cible qui portait une fille en second phyllochrone de gestation lui donne alors naissance. Celle-ci se place alternativement d'un côté ou de l'autre de sa mère sur son axe de ramification, les plus jeunes poussant leurs grandes sœurs s'il y a lieu (voir figure 5.3). Des règles de déplacement assurent une ouverture lente des bouquets de talles et les collisions sont gérées. Les éventuelles talles de rhizome apparaissent plus tard, plus loin et à des positions indépendantes de l'axe de ramification.

Comparaison de simulations à des observations

La comparaison de simulations par Sistal à des observations sur grille nécessite de découper au centre de chacune des cartes simulées (genre figure 10.1.A)
une placette identique à celle des observations, puis de transformer les positions
simulées des talles en nombres de talles dans les cellules dans lesquelles ces talles
tombent. Dans les simulations publiées (Lafarge *et al.*, 2005), les talles avaient été
paramétrées avec des caractères de fétuque élevée en vue d'une comparaison avec
les observations décrites ci-dessus (voir p. 140). Les simulations ont été conduites sur
8 ans. Les deux dernières années de ces simulations sont comparables aux peuplements des prairies âgées riches en azote observées par Lafarge et Loiseau (2002). La
figure 10.2 résume les comparaisons entre deux séries de simulations, avec et sans
talles de rhizome, et les placettes observées :
– les densités moyennes des placettes diffèrent très peu entre simulations avec et
sans talles de rhizomes et ne sont jamais significativement différentes des densités
observées. Les coefficients de variation entre cellules intraplacette à chaque date
sont en revanche toujours significativement plus élevés (vers 120-130 %) pour les
simulations sans talles de rhizomes qu'avec (vers 110 %) et pour ces dernières que
dans les placettes observées (figure 10.2.A) ;
– le pourcentage de cellules vides est toujours plus élevé dans les simulations (surtout
sans rhizomes) que dans les observations et moins changeant saisonnièrement (pas
de baisse nette autour de l'hiver). Le pourcentage de cellules à haute densité est
mieux simulé, mais l'écart avec les observations reste significatif en été (fig. 10.2.B).

Contrairement aux observations de Lafarge et Loiseau (2002), les simulations n'ont
montré à aucune date d'autocorrélations significatives des nombres de talles entre
cellules voisines. Les proportions de cellules définies comme « durablement claires »
ou « durablement denses » entre les 8 dates comme dans Lafarge (2001) sont identiques avec ou sans talles de rhizomes. La forte variabilité des proportions observées
permet aux simulations de ne pas en différer significativement, mais les proportions
simulées tendent quand même à être inférieures. La proportion de cellules toujours
vides est par contre très bien simulée avec talles de rhizome. Elle est très excessive
en leur absence (Lafarge *et al.*, 2005).

Globalement, Sistal semble contraster exagérément la structure horizontale des
peuplements. L'absence d'autocorrélation spatiale est décevante pour un modèle
exclusivement basé sur la croissance clonale.

▶▶ Simulations spatialisées d'espèces à espaceurs

Dans cette famille de modèles on s'intéresse d'abord aux allongements, aux ramifications des espaceurs et à leurs angles. On s'intéresse aussi plus aux nœuds portant
ou non des ramètes ou des racines qu'à la distribution spatiale de ces ramètes. On
remplace ici le terme « talle » par celui de « ramète », plus général, car les modèles
dont nous avons eu connaissance ne concernent pas restrictivement des graminées.
Ils pourraient cependant leur être plus ou moins aisément appliqués, moyennant un
choix pertinent de paramètres.

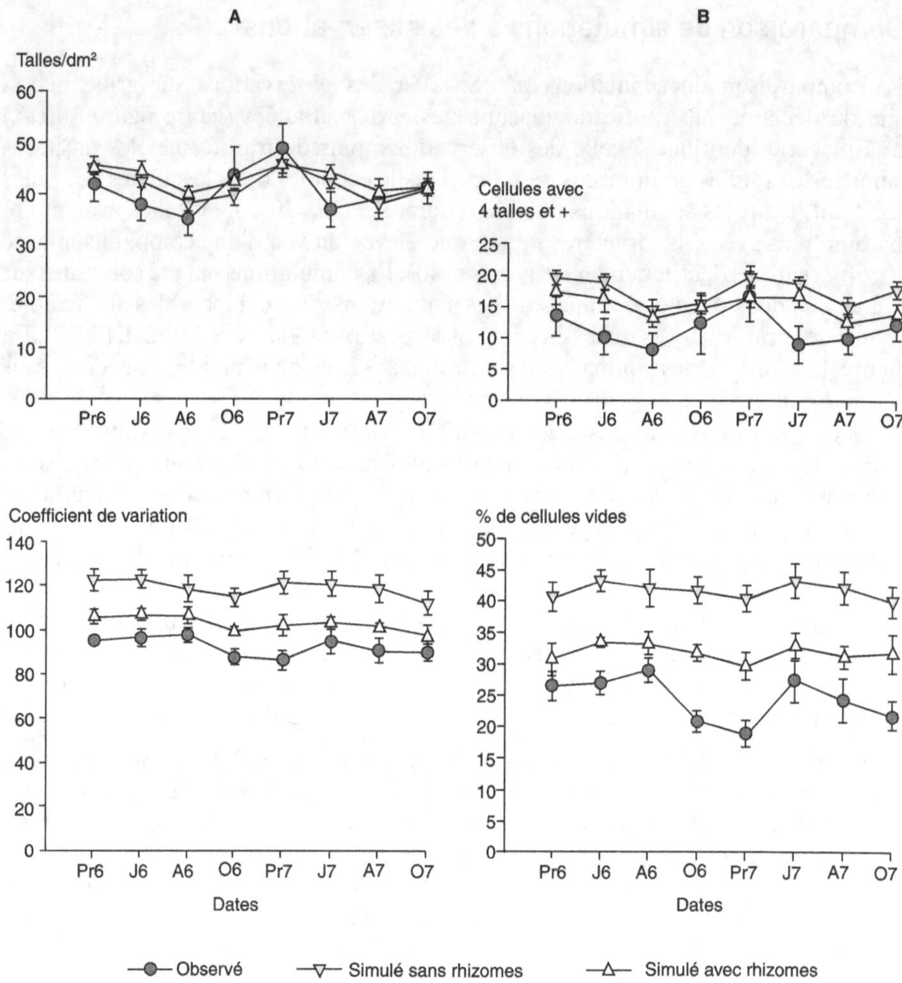

Figure 10.2. Comparaison en années 6 et 7 de simulations d'un peuplement de talles paramétrées à des valeurs vraisemblables pour une fétuque élevée ayant été semée 6 ans avant le printemps (« Pr », mai ou juin) des 1res observations et ayant reçu 350 kg N/ha/an depuis leur 1re année d'observation (cf. figures 4 et 6 de Lafarge et Loiseau, 2002). D'après les figures 6 et 7 de Lafarge *et al.*, 2005.

Dix répétitions différant par le germe du générateur aléatoire ont été effectuées sans talles de rhizome et 10 autres avec talles de rhizome. À chaque date d'observation, les moyennes et erreurs standard entre ces 10 répétitions ont été comparées avec les moyennes et les erreurs standard entre les 10 placettes observées. Aussi bien pour les simulations que pour les observations, ce sont les nombres bruts de talles par cellule qui ont été pris en compte dans les graphiques reproduits.

A. Densité moyenne par placette (en haut) et variabilité entre cellules dans une placette (en bas). L'hétérogénéité est exagérée dans les simulations, surtout sans talles de rhizome.

B. Proportions de cellules à très forte densité (en haut) et de cellules complètement vides (en bas). Pour les cellules à très forte densité, les simulations diffèrent très peu entre elles mais se situent un peu au-dessus des observations, surtout en été. En revanche, la proportion de cellules vides est nettement exagérée par les simulations, surtout sans talles de rhizome.

144

Les modèles sont principalement stochastiques, même si des règles mécanistes sont souvent incluses, notamment pour la ramification (Callaghan *et al.*, 1990). Les évènements d'arrêt de croissance, de ramification, de modification de direction d'allongement, de production de ramètes ou de racines vont dépendre pas à pas d'un tirage aléatoire suivant des probabilités données en paramètres et ajustées à des observations (figure 10.3).

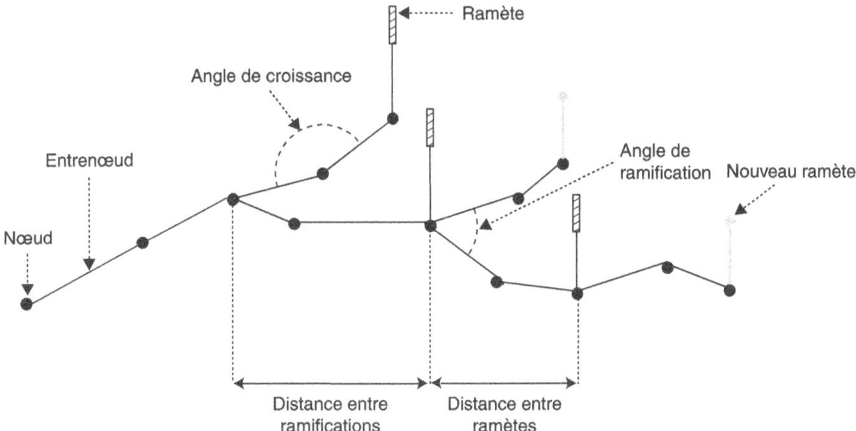

Figure 10.3. Traits architecturaux mesurés classiquement sur des fragments d'espaceurs réels puis utilisés dans des modèles spatialisés de plante clonale. D'après Wildova *et al.*, 2007a.

Ces traits peuvent être utilisés comme paramètres (angles) ou pour ajuster en retour les probabilités d'évènements dont ces traits résulteront.

Les probabilités sont souvent modifiables en fonction de l'environnement et/ou de l'état de la plante après l'étape précédente. Des différences sur certains paramètres aboutissent très normalement à des architectures, à une occupation de l'espace et à une survie très différentes entre simulations. Néanmoins, un même jeu de paramètres peut donner des résultats assez différents en cours de simulation comme à la fin, sous les effets cumulés du hasard à chaque étape (Oborny et Cain, 1997).

Quand les ramètes sont explicitement localisés sur la surface comme dans l'étude de Wolfer *et al.* (2006), ces architectures peuvent aussi être analysées en relation avec un milieu spatialisé dont l'évolution peut être simulée par des automates cellulaires (Oborny *et al.*, 2001).

Conclusion

Parvenu au terme de cet ouvrage, le lecteur aura peut-être mieux pris conscience de réalités généralement sous-estimées. Dans les prairies, qui occupent près du quart des terres émergées, le renouvellement des feuilles des graminées aboutit à la couverture quasi permanente du sol, au contraire des terres céréalières, ou des forêts d'espèces à feuilles caduques. Les prairies constituent ainsi une part essentielle de la phytosphère, cette couche de végétation qui recouvre les parties émergées non désertiques. Au cours des âges, celle-ci a façonné les sols et permis à l'ensemble des organismes terrestres de vivre.

Toutes les graminées suivent peu ou prou un même schéma général de développement et de croissance. La diversité apparente de leurs architectures, de leurs formes et de leur persistance ne résulte en fait que de différences minimes dans le fonctionnement de leurs extrémités en croissance et de leurs bourgeons, que ce soit par des décalages dans le temps ou dans l'espace. Les céréales, au cycle condensé sur quelques mois et à la multiplication végétative restreinte, n'en sont qu'un cas très particulier.

Les graminées sont une des familles les plus récemment apparues dans l'évolution des plantes supérieures. Elles ont connu un exceptionnel succès dans la compétition avec les flores précédentes, grâce notamment à une capacité de croissance clonale et de reproduction végétative particulièrement efficaces. Leur architecture leur permet aussi de conserver leurs méristèmes apicaux au niveau du sol, donc à l'abri des grands prédateurs végétariens qui ont fondé leur alimentation sur elles, sans que leur capacité de croissance ultérieure en soit réduite. La floraison n'aboutit à la mort que des talles reproductrices. Les talles restées végétatives peuvent reproduire à l'identique et potentiellement à l'infini le schéma de base. La longévité des couverts végétaux soumis à une prédation régulière a résulté d'une coévolution entre grands herbivores et flores prairiales.

La réponse de la morphogenèse aux variations du climat et aux ressources disponibles dans le sol varie notablement d'une espèce à l'autre mais dans le cadre des lois générales de la croissance. Il n'y a pas de croissance en dehors d'une gamme de températures d'une quarantaine de degré d'amplitude. Il n'y a pas non plus de croissance sans eau, sans rayonnement solaire, ou sans un minimum d'éléments minéraux. La vitesse d'allongement des feuilles est un des phénomènes les plus sensibles à ces conditions de milieu. Une variation de 1 à 10 est couramment observée dans les dimensions des feuilles adultes d'un même génotype sur une même parcelle, selon la période de l'année et la position de l'individu dans le couvert végétal.

Ce livre n'avait naturellement pas la prétention de couvrir l'ensemble des applications qui découlent de ces connaissances de base. Le choix de l'espèce à implanter ou bien à favoriser, la hauteur de coupe appropriée (en mode plus ou moins intensif), la fréquence de coupe à laquelle un éleveur peut soumettre sa prairie, soit en variant les intervalles entre deux fauches, soit en ajustant le chargement animal, sont des décisions dont le résultat découle en fin de compte de relations entre les vitesses d'apparitions, d'allongement et la durée de vie des feuilles. Il est possible ainsi de réfléchir aux pratiques, à l'analyse de la flore, aux semis, aux choix de variétés et à leur amélioration en prenant en compte la morphogenèse pour anticiper l'évolution de la prairie à plus long terme.

Nous n'avons pas non plus étudié ici les conséquences de ce fonctionnement singulier des graminées sur l'atmosphère, l'hydrosphère, la biosphère, conséquences des échanges de masse et d'énergie entre le milieu et la végétation. Là encore, les théories les plus modernes en écologie constatent que le volume de ces échanges dépendent d'abord de l'étendue de l'interface entre le sol et l'atmosphère et donc de la morphogenèse aérienne en premier lieu, souterraine ensuite.

Ce livre espère ainsi avoir couvert un des chapitres clefs de l'écologie en appelant le lecteur à ouvrir d'autres ouvrages, et à mettre en œuvre sa propre capacité d'observation.

Références bibliographiques

A

Aguirre L., Johnson D.A., 1991. Root morphological development in relation to shoot growth in seedlings of four range grasses, *J. Range Manag.*, 44 (4), 341-346.

Arredondo J.T., Johnson D.A., 1999. Root architecture and biomass allocation of three range grasses in response to nonuniform supply of nutrients and shoot defoliation, *New Phytol.*, 143 (2), 373-385.

Aspinall D., 1961. The control of tillering in the barley plant — 1: The pattern of tillering and its relation to nutrient supply, *Aust. J. Biol. Sci.*, 14, 493-505.

Ayala Torales A.T., Acosta G.L., Deregibus V.A., Moauro P.M., 2000. Effects of grazing frequency on the production, nutritive value, herbage utilisation, and structure of a *Paspalum dilatatum* sward, *N. Z. J. Agric. Res.*, 43, 467-472.

B

Bahmani I., Thom E.R., Matthew C., Hooper R.J., Lemaire G., 2003. Tiller dynamics of perennial ryegrass cultivars derived from different New Zealand ecotypes: effects of cultivar, season, nitrogen fertiliser, and irrigation, *Aust. J. Agric. Res.*, 54 (8), 803-817.

Bai W., Sun X., Wang Z., Li L., 2009. Nitrogen addition and rhizome severing modify clonal growth and reproductive modes of *Leymus chinensis* population, *Plant Ecol.*, 205 (1), 13-21.

Ballaré C.L., Sanchez R.A., Scopel A.L., Casal J.J., Ghersa C.M., 1987. Early detection of neighbour plants by phytochrome perception of spectral changes in reflected sunlight, *Plant, Cell and Environ.*, 10, 551-557.

Bao G.Z., Hirata M., 2006. Effects of defoliation frequency on the development and establishment of a vegetatively planted turfgrass *Eremochloa ophiuroides* (centipede grass), *Trop. Grassl.*, 40, 102-110.

Barnard C., 1964. Form and structure, *in* C. Barnard (ed.), *Grasses and Grasslands*, chapter 4, Macmillan, London, 47-72.

Batson M.G., 1998. Length of rhizome and depth of burial affects the regeneration of bent grass (*Agrostis castellana* Boiss. et Reuter), *Aust. J. Agric. Res.*, 49 (7), 1141-1145.

Belesky D.P., 2005. Growth of *Dactylis glomerata* along a light gradient in the central Appalachian region of the eastern USA — I: Dry matter production and partitioning, *Agrofor. Syst.*, 65 (2), 81-90.

Bell A.D., 1976. The vascular pattern of italian ryegrass (*Lolium multiflorum* Lam.) — 3: The leaf trace system, and tiller insertion, in the adult, *Ann. Bot.*, 40, 241-250.

Bell A.D., 1991. *Plant form: an illustrated guide to flowering. Plant Morphology*, University Press, Oxford (UK), 341 p.

Beltrano J., Ronco M.G., Barreiro R., Montaldi E.R., 1999. Plant architecture of *Paspalum vaginatum* Schwartz modified by nitrate and ammonium nutrition, *Pesqui. Agropecu. Bras.*, 34 (7), 1159-1166.

Biddiscombe E.F., Rogers A.L., Maller R.A., 1977. Summer dormancy, regeneration and persistence of perennial grasses in Southwestern Australia, *Aust. J. Exp. Agric.*, 17 (88), 795-801.

Birch C.P.D., Hutchings M.J., 1994. Exploitation of patchily distributed soil resources by the clonal herb *Glechoma hederacea*, *J. Ecol.*, 82 (3), 653-664.

Biscoe P.V., Gallagher J.N., Littleton E.J., Monteith J.L., Scott R.K., 1975. Barley and its environment — 4: Sources of assimilates for the grain, *J. Appl. Ecol.*, 12 (1), 295-318.

Bittman S., Simpson G.M., Mir Z., 1988. Leaf senescence and seasonal decline in nutritional quality of three temperate forage grasses as influenced by drought, *Crop Sci.*, 28, 546-552.

Boelt B., 1999. The effect of tiller size in autumn on the percentage of reproductive tillers in amenity types of *Poa pratensis* L., *Festuca* *rubra* L., and *Lolium perenne* L., *in* M. Falcinelli et D. Rossellini, *Herbage seed as a key factor for improving production and environmental quality*, proceedings of the fourth international herbage seed conference, Perugia (Italy), 53-57.

Briske D.D., Derner J.D., 1998. Clonal biology of caespitose grasses, *in* G. Cheplick (ed.), *Population ecology of grasses*, Cambridge University Press, Cambridge (UK), 106-135.

Brock T.G., Kaufman P.B., 1990. Movement in grass shoots, *in* R.L. Satter (ed.), *The pulvinus: motor, organ for leaf movement*, The American Society of Plant Physiologists, 59-71.

Brock J.L., Fletcher R.H., 1993. Morphology of perennial ryegrass (*Lolium perenne*) plants in pastures under intensive sheep grazing, *J. Agric. Sci. Camb.*, 120 (3), 301-310.

Brock J.L., Hay M.J.M., Thomas V.J., Sedcole J.R., 1988. Morphology of white clover (*Trifolium repens* L.) plants in pastures under intensive sheep grazing, *J. agric. Sci., Camb.*, 111, 273-283.

Brock J.L., Hume D.E., Flechter R.H., 1996. Seasonal variation in the morphology of perennial ryegrass (*Lolium perenne*) and cocksfoot (*Dactylis glomerata*) plants and populations in pastures under intensive sheep grazing, *J. agric. Sci., Camb.*, 126, 37-51.

Brock J.L., Albrecht K.A., Hume D.E., 1997. Stolons and rhizomes in tall fescue under grazing, *Proceedings of the New Zealand Grassland Association*, 59, 93-98.

Busby C.H., O'brien T.P., 1979. Aspects of vascular anatomy and differentiation of vascular tissues and transfer cells in vegetative nodes of wheat, *Aust. J. Bot.*, 27 (6), 703-711.

Busso C.A., Mueller R.J., Richards J.H., 1989. Effects of drought and defoliation on bud viability in two caespitose grasses, *Ann. Bot.*, 63, 477-485.

C

Callaghan T.V., Svensson B.M., Bowman H., Lindley D.K., Carlsson B.A., 1990. Models of clonal plant growth based on population dynamics and architecture, *Oikos*, 57 (2), 257-269.

Canode C.L., Law A.G., 1979. Thatch and tiller size as influenced by residue management in Kentucky bluegrass seed production, *Agron. J.*, 71, 289-291.

Cao W., Moss D.N., 1989a. Daylength effect on leaf emergence and phyllochron in wheat and barley, *Crop Sci.*, 29, 1021-1025.

Cao W., Moss D.N., 1989b. Temperature and daylength interaction on phyllochron in wheat and barley, *Crop Sci.*, 29, 1046-1048.

Casal J.J., Sanchez R.A., Deregibus V.A., 1986. The effect of plant density on tillering: the involvement of the R:FR ratio and the proportion of radiation intercepted per plant, *Environ. Exp. Bot.*, 26 (4), 365-371.

Casal J.J., Sanchez R.A., Deregibus V.A., 1987. The effect of light quality on shoot extension growth in three species of grasses, *Ann. Bot.*, 59, 1-7.

Casal J.J., Sanchez R.A., Gibson D., 1990. The significance of changes in the red:far-red ratio, associated with either neighbour plants or twilight, for tillering in *Lolium multiflorum* Lam., *New Phytol.*, 116 (4), 565-572.

Cattani D.J., 1999. Early plant development in "Emerald" and "UM67-10" creeping bentgrass, *Crop Sci.*, 39, 754-762.

Cattani D.J., Struik P.C., 2001. Tillering, internode development, and dry matter partitioning in creeping bentgrass, *Crop Sci.*, 41 (1), 111-118.

Cattani D.J., Miller P.R., Smith S.R., 1996. Relationship of shoot morphology between seedlings and established turf in creeping bentgrass, *Can. J. Plant Sci.*, 76 (2), 283-289.

Chafai El Alaoui A., Simmons S.R., 1988. Quantitative translocation of photoassimilates from non surviving tillers in barley, *Crop Sci.*, 28, 969-972.

Chaffey N., 2000. Physiological anatomy and function of the membranous grass ligule, *New Phytol.*, 146 (1), 5-21.

Chancellor R.J., 1974. The development of dominance amongst shoots arising from fragments of *Agropyron repens* rhizomes, *Weed Res.*, 14, 29-38.

Chapman D.F., Clark D.A., Land C.A., Dymock N., 1984. Leaf and tiller or stolon death of *Lolium perenne*, *Agrostis* spp. and *Trifolium repens* in set-stocked and rotationally grazed hill pastures, *N. Z. J. Agric. Res.*, 27, 303-312.

Clark L.G., Fisher J.B., 1987. Vegetative morphology of grasses: shoots and roots, *in* T.R. Soderstrom, K.W. Hilu, C.S. Campbell, M.E. Barkworth (eds.), *Grass systematics and evolution*, chapter 5, Smithsonian Institution Press, Washington DC (USA), 37-45.

Cornish P.S., 1987. Root growth and function in temperates pastures, *in* J.L. Whealer, C.J. Pearson, G.E. Robards (eds.), *Temperate pastures: their production, use and management*, CSIRO, East Melbourne, Victoria (Australia), 79-98.

Crush J.R., Waller J.E., Care D.A., 2005. Root distribution and nitrate interception in eleven temperate forage grasses, *Grass Forage Sci.*, 60 (4), 385-392.

Cullen B.R., Chapman D.F., Quigley P.E., 2005a. Persistence of *Phalaris aquatica* in grazed pastures — 2: Regenerative bud and tiller development, *Aust. J. Exp. Agric.*, 45, 49-58.

Cullen B.R., Chapman D.F., Quigley P.E., 2005b. Carbon resource sharing and rhizome expansion of *Phalaris aquatica* plants in grazed pastures, *Funct. Plant Biol.*, 32 (1), 79-85.

Culvenor R.A., 1993. Effect of cutting during reproductive development on the regrowth and regenerative capacity of the perennial grass, *Phalaris aquatica* L, in a controlled environment, *Ann. Bot.*, 72 (6), 559-568.

D

Dale P.J., 1979. Elimination of cocksfoot streak virus, cocksfoot mild mosaic virus and cocksfoot mottle virus from *Dactylis glomerata* by shoot tip and tiller bud culture, *Ann. Appl. Biol.*, 93 (3), 285-288.

Davidson D.J., Chevalier P.M., 1990. Preanthesis tiller mortality in spring wheat, *Crop Sci.*, 30, 832-836.

Davies A., 1971. Changes in growth rate and morphology of perennial ryegrass swards at high and low nitrogen levels, *J. Agric. Sci. Camb.*, 77, 123-134.

Davies A., 1974. Leaf tissue remaining after cutting and regrowth in perennial ryegrass, *J. Agric. Sci. Camb.*, 82, 165-172.

Davies A., 1988. The regrowth of grass swards, *in* M.B. Jones, A. Luzenby (eds.), *The grass crop. The physiological basis of production*, chapter 3, Chapman et Hall, London, New York, 85-127.

Davies A., Thomas H., 1983. Rate of leaf and tiller production in young spaced perennial ryegrass plants in relation to soil temperature and solar radiation, *Ann. Bot.*, 57, 591-597.

Davies A., Evans M.E., Exley J.K., 1983. Regrowth of perennial ryegrass as affected by simulated leaf sheaths, *J. Agric. Sci. Camb.*, 101, 131-137.

Davies A.B., Riley J., Walton D.W.H., 1990. Plant form, tiller dynamics and aboveground standing crops of the range of *Cortaderia pilosa* communities in the Falkland-Islands, *J. Appl. Ecol.*, 27 (1), 298-307.

Davis M.H., Simmons S.R., 1994. Tillering response of barley to shifts in light quality caused by neighboring plants, *Crop Sci.*, 34, 1604-1610.

Delécolle R., Hay R.K.M., Guérif M., Pluchard P., Varlet-Grancher C., 1989. A method of describing the progress of apical development in wheat, based on the time course of organogenesis, *Field Crops Res.*, 21, 147-160.

Deregibus V.A., Sanchez R., Casal J.J., Trlica M.J., 1985. Tillering responses to enrichment of red light beneath the canopy in a humid natural grassland, *J. Appl. Ecol.*, 22, 199-206.

Derner J.D., Polley H.W., Johnson H.B., Tischler C.R., 2004. Structural attributes of *Schizachyrium scoparium* in restored Texas Blackland prairies, *Restoration Ecol.*, 12 (1), 80-84.

Ding X.M., Yang Y.F., 2007. Variations of water-soluble carbohydrate contents in different age class modules of *Leymus chinensis* populations in sandy and saline-alkaline soil on the songnen plains of China, *J. Integrative Plant Biol.*, 49 (5), 576-581.

Dofing M.D., Knight C.W., 1992. Heading synchrony and yield components of barley grown in subarctic environments. *Crop Sci.*, 32, 1377-1380.

Dong M., de Kroon H., 1994. Plasticity in morphology and biomass allocation in *Cynodon dactylon*, a grass species forming stolons and rhizomes, *Oikos*, 70 (1), 99-106.

Dong M., Pierdominici M.G., 1995. Morphology and growth of stolons and rhizomes in three clonal grasses, as affected by different light supply, *Veg.*, 116, 25-32.

Dotray P.A., Young F.L., 1993. Characterization of root and shoot development of jointed goatgrass (*Aegilops cylindrica*), *Weed Sci.*, 41, 353-361.

Durand J.-L., Onillon B., Schnyder H., Rademacher I., 1995. Drought effects on cellular and spatial parameters of leaf growth in tall fescue, *J. Exp. Bot.*, 46 (290), 1147-1155.

Durand J.-L., Schaufele R., Gastal F., 1999. Grass leaf elongation rate as a function of developmental stage and temperature: morphological analysis and modelling, *Ann. Bot.*, 83 (5), 577-588.

Durand J.-L., Gastal F., Schaufele R., 2000. Dynamic modelling of leaf length for investigating the response of feeding value of grass swards to cutting height, cutting frequency and temperature, *in Grassland farming, balancing environmental and economic demands. Grassland science in Europe*, Aalborg (Denmark), Soegaard K.a.a., 182-184.

Duru M., 1987. Croissance hivernale et printanière de prairies permanentes pâturées en montagne — I : Écophysiologie du dactyle, *Agron.*, 7, 41-50.

Duru M., 1989. Dynamique de tallage et type de talles au printemps. Cas du dactyle de prairies permanentes, *Fourrages*, 117, 17-28.

Duru M., Justes E., Langlet A., Tirilly V., 1993. Comparaison des dynamiques d'apparition et de mortalité des organes de fétuque élevée, dactyle et luzerne (feuilles, talles et tiges), *Agron.*, 13, 237-252.

Duru M., Ducrocq H., Feuillerac E., 1999. Effet du régime de défoliation et de l'azote sur le phyllochrone du dactyle, *C.R. Acad. Sci. Paris — Sciences de la vie*, 322, 717-722.

D'Uva P., Bouton, J.H., Brown R.H., 1983. Variability in rooted stem production among tall fescue genotypes, *Crop Sci.*, 23, 385-386.

E

España M., Baret F., Aries F., Andrieu B., Chelle M., 1999. Radiative transfer sensitivity to the accuracy of canopy structure description. The case of a maize canopy, *Agron.*, 19 (3-4), 241-254.

Evans J.P., 1991. The effect of resource integration on fitness related traits in a clonal dune perennial, *Hydrocotyle bonariensis*, *Oecol.*, 86, 268-275.

Evans L.T., Wardlaw I.F., 1976. Aspects of the comparative physiology of grain yield in cereals, *Adv. Agron.*, 28, 301-359.

F

Feldhake C.M., Glenn D.M., 1997. Estimation of pasture drought severity using canopy red-to-far-red radiance, *Environ. Exp. Bot.*, 38 (1), 81-86.

Feldman S.R., Gattuso S.J., Lewis J.P., 2007. The development of the tussock of a clonal grass, *Intercienc.*, 32, 399-403

Felippe G.M., 1980. Bud breaking and adventitious root formation in *Panicum maximum* Jacq., *Ann. Bot.*, 22 (5), 392-395.

Fernandez O.N., 2003. Establishment of *Cynodon dactylon* from stolon and rhizome fragments, *Weed Res.*, 43 (2), 130-138.

Fletcher G.M., Dale J.E., 1974. Growth of tiller buds in barley: effects of shade treatment and mineral nutrition, *Ann. Bot.*, 38, 63-76.

Fletcher G.M., Dale J.E., 1977. A comparison of main-stem and tiller growth in barley; apical development and leaf-unfolding rates, *Ann. Bot.*, 41, 109-116.

Forster B.P., Franckowiak J.D., Lundqvist U., Lyon J., Pitkethly I., Thomas W.T.B., 2007. The barley phytomer, *Ann. Bot.*, 100, 725-733.

Fournier A., 1983. Analyse démographique appliquée aux feuilles de quatre espèces de graminées de savane (Côte-d'Ivoire), *Acta Oecologica-Oecologia Plant.*, 4 (2), 183-203.

Fournier C., Durand J.-L., Ljutovac S., Schaufele R., Gastal F., Andrieu B., 2005. A functional-structural model of elongation of the grass leaf and its relationships with the phyllochron, *New Phytol.*, 166 (3), 881-894.

Fowler D.B., 2008. Cold acclimation threshold induction temperatures in cereals, *Crop Sci.*, 48, 1147-1154.

Frank A.B., Berdahl J.D., Barker R.E., 1985. Morphological development and water use in clonal lines of four forage grasses, *Crop Sci.*, 25, 339-344.

Franquin P., 1974a. Développement de la structure fondamentale ou développement morphogénétique de la plante, *Cah. ORSTOM ser. Biol.*, 23, 23-30.

Franquin P., 1974b. Formulation des phénomènes apparents de photothermopériodisme en conditions naturelles. Principes de base. *Cah. ORSTOM Ser. Biol.*, 23, 31-43.

Friedman D., Alpert P., 1991. Reciprocal transport between ramets increases growth of *Fragaria chiloensis* when light and nitrogen occur in separate patches but only if patches are rich, *Oecol.*, 86, 76-80.

G

Gallagher J.N., 1979. Field studies of cereal leaf growth, *J. Exp. Bot.*, 30 (117), 625-636.

Garwood E.A., 1967. Studies on the roots of grasses, *Annu. Rep. 1966 of Grassl. Res. Inst.*, Hurley Institute, 72-79.

Gastal F., Matthew C., 2005. Long-term tiller population dynamics in swards of grasses with contrasting persistence strategy, *in* xx[th] *International Grassland Congress*, Wageningen, 203.

Gatsuk L.E., Smirnova O.V., Vorontzova L.I., Zaugolnova L.B., Zhukova L.A., 1980. Age states of plants of various growth forms: a review, *J. Ecol.*, 68, 675-696.

Gautier H., Varlet-Grancher C., 1996. Regulation of leaf growth of grass by blue light, *Physiol. Plant.*, 98 (2), 424-430.

Gautier H., Varlet-Grancher C., Hazard L., 1999. Tillering responses to the light environment and to defoliation in populations of perennial ryegrass (*Lolium perenne* L.) selected for contrasting leaf length, *Ann. Bot.*, 83, 423-429.

Gibson D.J., 1988. The relationship of sheep grazing and soil heterogeneity to plant spatial patterns in dune grassland, *J. Ecol.*, 76, 233-252.

Gilad E., von Hardenberg J., Provenzale A., Shachak M., Meron E., 2007. A mathematical model of plants as ecosystem engineers, *J. Theor. Biol.*, 244 (4), 680-691.

Gillet M., 1969. Sur quelques aspects de la croissance et du développement de la plante entière de graminée en conditions naturelles : *Festuca pratensis* Huds. — I : Construction de la touffe, *Ann. Amélior. Plantes*, 19 (2), 107-149.

Gillet M., 1980. *Les graminées fourragères. Description, fonctionnement, applications à la culture de l'herbe*, coll. « Nature et agriculture », Gauthier-Villars, Paris, 306 p.

Gillet M., Gachet J.P., Gallais A., 1969. Sur quelques aspects de la croissance et du développement de la plante entière de graminée en conditions naturelles : *Festuca pratensis* Huds. — II : La crise du tallage, *Ann. Amélior. Plantes*, 19 (2), 151-167.

Girardin P., Jordan M.O., Picard D., Trendel R., 1986. Harmonisation des notations concernant la description morphologique d'un pied de maïs (*Zea mays* L.), *Agron.*, 6 (9), 873-875.

Girardin P., Morel-Fourrier B., Jordan M.A., Millet B., 1987. Développement des racines adventives chez le maïs, *Agron.*, 7 (5), 353-360.

Godin C., 2000. Representing and encoding plant architecture: A review, *Ann. For. Sci.*, 57 (5-6), 413-438.

Gorham E., 1979. Shoot height, weight and standing crop in relation to density of monospecific plant stands, *Nat.*, 279, 148-150.

Gorham E., Somers M.G., 1973. Seasonal changes in the standing crop of two montane sedges, *Can. J. Bot.*, 51, 1097-1108.

Gould S.J., 2006. *La structure de la théorie de l'évolution* (trad. M. Blanc), coll. « NRF Essais », Gallimard, Paris, 2 048 p.

Grant S.A., Barthram G.T., Torvell L., 1981. Components of regrowth in grazed and cut *Lolium perenne* swards, *Grass Forage Sci.*, 36, 155-168.

Grant S.A., Torvell L., Sim E.M., Small J.L., Elston D.A., 1996. Seasonal pattern of leaf growth and senescence of *Nardus stricta* and responses of tussocks to differing severity, timing and frequency of defoliation, *J. Appl. Ecol.*, 33, 1145-1155.

Greenberg A.R., Mehling A., Lee M., Bock J.H., 1989. Tensile behavior of grass, *J. Mater. Sci.*, 24 (7), 2549-2554.

Gregory P.J., McGowan M., Biscoe P.V., Hunter B., 1978. Water relations of winter wheat — 1: Growth of the root system, *J. agric. Sci. Camb.*, 91, 91-102.

Griffiths W.M., Gordon I.J., 2003. Sward structural resistance and biting effort in grazing ruminants, *Anim. Res.*, 52 (2), 145-160.

Guyon E., Hulin J.P., Petit L, 2005. *Ce que disent les fluides*, Belin, Paris, 160 p.

H

Haase P., Pugnaire F.I., Clark S.C., Incoll L.D., 1999. Environmental control of canopy dynamics and photosynthetic rate in the evergreen tussock grass *Stipa tenacissima*, *Plant Ecol.*, 145 (2), 327-339.

Hakansson S., 1971. Experiments with *Agropyron repens* (L.) Beauv., *Swed. J. Agric. Res.*, 1, 239-246.

Hakansson S., Wallgren B., 1976. *Agropyron repens* (L.) Beauv., *Holcus mollis* L. and *Agrostis gigantea* Roth as weeds — Some properties, *Swed. J. Agric. Res.*, 6, 109-120.

Halassy M., Campetella G., Canullo R., Mucina L., 2005. Patterns of functional clonal traits and clonal growth modes in contrasting grasslands in the central Apennines, Italy, *J. Veg. Sci.*, 16 (1), 29-36.

Hanslin H.M., Höglind M., 2009. Differences in winter-hardening between phenotypes of *Lolium perenne* with contrasting water-soluble carbohydrate concentrations, *Grass Forage Sci.*, 64 (2), 187-195.

Hara T., Herben T., 1997. Shoot growth dynamics and size-dependent shoot fate of a clonal plant, *Festuca rubra*, in a mountain grassland, *Res. Popul. Ecol.*, 39 (1), 83-93.

Harris G.A., 1967. Some competitive relationships between *Agropyron spicatum* and *Bromus tectorum*, *Ecol. Monogr.*, 37, 89-111.

Harris W., Pandey K.K., Gray Y.S., Couchmann P.K., 1979. Observations on the spread of perennial ryegrass by stolons in a lawn, *N.Z. J. Agric. Res.*, 22, 61-68.

Hartnett D.C., Setshogo M.P., Dalgleish H.J., 2006. Bud banks of perennial savanna grasses in Botswana, *Afr. J. Ecol.*, 44 (2), 256-263.

Haun J.R., 1973. Visual quantification of wheat development, *Agron. J.*, 65, 116-119.

Havstad L.T., Aamlid T.S., Heide O.M., Junttila O., 2003. Transfer of florigenic *stimuli* between tillers in photoperiodically split plants of *Dactylis glomerata* and *Bromus inermis*, *Physiol. Plant.*, 118 (2), 270-277.

Hay R.K.M., Delécolle R., 1989. The setting of rates of development of wheat plants at crop emergence: influence of the environment on rates of leaf appearance, *Ann. Appl. Biol.*, 115, 333-341.

Hay R.K.M., Kemp D.R., 1990. Primordium initiation at the stem apex as the primary event controlling plant development: preliminary evidence from wheat for the regulation of leaf development, *Plant Cell Environ.*, 13, 1005-1008.

Hay M.J.M., Hamilton N.R.S., 1996. Influence of xylem vascular architecture on the translocation of phosphorus from nodal roots in a genotype of *Trifolium repens* during undisturbed growth, *New Phytol.*, 132 (4), 575-582.

Hay M.J.M., Kelly C.K., 2008. Have clonal plant biologists got it wrong? The case for changing the emphasis to disintegration, *Evol. Ecol.*, 22 (3), 461-465.

Hayes P., 1971. Stoloniferous perennial ryegrass (*Lolium perenne*) in Northern Ireland paddocks, *Rec. Agric. Res.*, Ministry of Agriculture for Northern Ireland, 19, 63-64.

He W.M., Zang H., Dong M., 2004. Plasticity in fitness and fitness-related traits at ramet and genet levels in a tillering grass *Panicum miliaceum* under patchy soil nutrients, *Plant Ecol.*, 172, 1-10.

Heide O.M., 1994. Control of flowering and reproduction in temperate grasses, *New Phytol.*, 128 (2), 347-362.

Hejnowicz Z., Wloch W., 1980. Growth and development of shoot apex in barley — 1: Morphology and histology of shoot apex in vegetative phase, *Acta Societatis Botanicorum Poloniæ*, 49 (1-2), 21-31.

Hendrickson J.R., Briske D.D., 1997. Axillary bud banks of two semiarid perennial grasses: occurence, longevity and contribution to population persistence, *Oecol.*, 110, 584-591.

Hennessy D., O'Donovan M., French P., Laidlaw A.S., 2008. Factors influencing tissue turnover during winter in perennial ryegrass-dominated swards, *Grass Forage Sci.*, 63, 202-211.

Herben T., Novoplansky A., 2008. Implications of self/non-self discrimination for spatial patterning of clonal plants, *Evol. Ecol.*, 22 (3), 337-350.

Herben T., Krahulec F., Hadincova V., Kovarova M., Skalova H., 1993a. Tiller demography of *Festuca rubra* in a mounain grassland: seasonal development, life span, and flowering, *Preslia. Praha*, 65, 341-353.

Herben T., Krahulec F., Hadincova F., Skalova H., 1993b. Small-scale variability as a mechanism for large scale stability in mountain grassland, *J. Veg. Sci.*, 4, 163-170.

Herben T., Krahulec F., Hadincova V., Kovarova M., Skalova H., 1994. Morphological constraints of shoot demography of a clonal plant: extra- and intravaginal tillers of *Festuca rubra*, *Plant Species Biol.*, 9, 183-189.

Herben T., During H.J., Krahulec F., 1995. Spatio temporal dynamics in mountain grasslands: species autocorrelations in space and time, *Folia Geobot. Phytotax.*, Praha, 30, 185-196.

Hill M.J., Watkin B.R., 1975. Seed production studies on perennial ryegrass, timothy and prairie grass, *J. Brit. Grassl. Soc.*, 30, 63-71.

Hitch P.A., Sharman B.C., 1968. Initiation of procambial strands in axillary buds of *Dactylis glomerata* L., *Secale cereale* L., and *Lolium perenne* L., *Ann. Bot.*, 32, 667-676.

Hitch P.A., Sharman B.C., 1971. The vascular pattern of festucoid grass axes, with particular reference to nodal plexi, *Bot. Gaz.*, 132 (1), 38-56.

Hille Ris Lambers R., Rietkerk M., van den Bosch F., Prins H.H.T., de Kroon H., 2001. Vegetation pattern formation in semi-arid grazing systems, *Ecol.*, 82 (1), 50-61.

Hirata M., Hasegawa N., Nogami K., Sonoda T., 2007. Tuft, shoot and leaf dynamics in *Miscanthus sinensis* in a young tree plantation under cattle grazing, *Trop. Grassl.* 41 (2), 113-128.

Holly D.C., Ervin G.N., 2006. Characterization and quantitative assessment of interspecific and intraspecific penetration of below-ground vegetation by cogongrass (*Imperata cylindrica* (L.) Beauv.) rhizomes, *Weed Biol. Manage.*, 6 (2), 120-123.

Hongo A., Oinuma H., 1998. Effect of artificial treading on morphology and ethylene production in orchardgrass (*Dactylis glomerata* L.), *Grassl. Sci.*, 44 (3), 198-202.

Hook P.B., Lauenroth W.K., Burke I.C., 1994. Spatial patterns of roots in a semiarid grassland: abundance of canopy openings and regeneration gaps, *J. Ecol.*, 82, 485-494.

Horowitz M., 1972a. Development of *Cynodon Dactylon* (L.) pers., *Weed Res.*, 12, 207-220.

Horowitz M., 1972b. Spatial growth of *Cynodon dactylon* (L.) pers., *Weed Res.*, 12, 373-383.

Hume D.E., 1991. Effect of cutting on production and tillering in prairie grass (*Bromus* *willdenowii* Kunth) compared with two ryegrass (*Lolium*) species — 2: Reproductive plants, *Ann. Bot.*, 68, 1-11.

Hume D.E., Brock J.L., 1997. Morphology of tall fescue (*Festuca arundinacea*) and perennial ryegrass (*Lolium perenne*) plants in pasture under sheep and cattle grazing, *J. Agric. Sci. Camb.*, part 1, 129, 19-31.

Humphrey L.D., Pyke D.A., 1998. Demographic and growth responses of a guerrilla and a phalanx perennial grass in competitive mixtures, *J. Ecol.*, 86, 854-865.

Hunt L.A., Chapleau A.M., 1986. Primordia and leaf production in winter wheat, triticale, and rye under field conditions, *Can. J. Bot.*, 64, 1972-1976.

Hutchings M.J., 1979. Weight-density relationships in ramet populations of clonal perennial herbs, with special reference to the -3/2 power law, *J. Ecol.*, 67, 21-33.

Hutchings N.J., 1991. Spatial heterogeneity and other sources of variance in sward height as measured by the sonic and HFRO sward sticks, *Grass Forage Sci.*, 46 (3), 277-282.

I

Ishii Y., Ito K., Numaguchi H., 1996. Effects of cutting intensity and stubble cover with soil before overwintering on the spring regrowth of three-years-old napiergrass (*Pennisetum purpureum* Schumach.), *Grassl. Sci.*, 42 (1), 20-29.

Ito M., Kodama M., Okajima T., 2003. Regularity in developmental patterns of stolons and tillers of *Zoysia japonica* Steud. Plants growing under a spaced-plant condition, *Grassl. Sci.*, 49 (5), 438-443.

J

Jackson L.E., Roy J., 1986. Growth patterns of mediterranean annual and perennial grasses under simulated rainfall regimes of southern France and California, *Acta Oecologica-Oecologia Plant.*, 7 (2), 191-212.

Jamsran U., Fujino K., Kikuta Y., Nakashima H., 1999. Dormant bud formation in temperate grass species (Poaceae) cultured *in vitro* system, *J. Fac. Agr. Hokkaido Univ.*, 69 (3), 151-169.

Janisova M., 2006. Tiller demography of *Festuca pallens* host (Gramineae) in two dry grassland communities, *Pol. J. Ecol.*, 54 (2), 201-213.

Janisova M., 2007. Leaf demography of *Festuca pallens* in dry grassland communities, *Biol.*, Bratislava, 62 (1), 32-40.

Jelinski D.E., Karagatzides J.D., Hutchinson I., 2001. On the annular growth pattern in *Scirpus maritimus* in an intertidal wetland: extension of the concept of cyclic development to within-clone spatial dynamics, *Can. J. Bot.*, 79, 464-473.

Jernstedt J.A., Bouton J.H., 1985. Anatomy, morphology and growth of tall fescue rhizomes, *Crop Sci.*, 25, 539-542.

Jewiss O.R., 1972. Tillering in grasses — its significance and control, *J. Br. Grassl. Soc.*, 27, 65-82.

Joffe A., Small J.G.C., 1963. A tendancy to perennation in the cereals, *Nat.*, 198, 768-770.

Johnson B.G., Buchholtz K.P., 1962. The natural dormancy of vegetative buds on the rhizomes of quackgrass, *Weeds*, 10, 53-57.

Johnston G.F.S., Jeffcoat B., 1977. Effects of some growth regulators on tiller bud elongation in cereals, *New Phytol.*, 79, 239-245.

Jonsdottir G.A., 1991. Tiller demography in seashore populations of *Agrostis stolonifera*, *Festuca rubra* and *Poa irrigata*, *J. Veg. Sci.*, 2, 89-94.

Jonsdottir I.S., Augner M., Fagerstrom T., Persson J., Stenström A., 2000. Genet age in marginal populations of two clonal carex species in the siberian Arctic, *Ecogr.*, 23, 402-412.

Jupp A.P., Newman E.I., 1987. Morphological and anatomical effects of severe drought on the roots of *Lolium perenne* L., *New Phytol.*, 105 (3), 393-402.

K

Kaouthar J., Chaieb M., 2009. The effect of *Stipa tenacissima* tussocks on some soil surface properties under arid bioclimate in the southern Tunisia, *Acta Bot. Gallica*, 156 (2), 173-181.

Kasperbauer M.J., Karlen D.L., 1986. Light-mediated bioregulation of tillering and photosynthate partitioning in wheat, *Physiol. Plant.*, 66, 159-163.

Kemp D.R., 1980. The location and size of the extension zone of emerging wheat leaves, *New Phytol.*, 84, 729-737.

Kershaw J.A., 1958. An investigation of the structure of a grassland community — I: Pattern of *Agrosti tenuis*, *J. Ecol.*, 46, 571-592.

Khaldoun A., Chery J., Monneveux P., 1990. Étude des caractères d'enracinement et de leur rôle dans l'adaptation au déficit hydrique chez l'orge, *Agron.*, 10, 369-379.

Kik C., van Andel J., van Delden W., Joenje W., Bijlsma R., 1990. Colonization and differentiation in the clonal perennial *Agrostis stolonifera*, *J. Ecol.*, 78, 949-961.

Kirby E.J.M., 1993. Effect of sowing depth on seedling emergence, growth and developpement in barley and wheat, *Field Crops Res.*, 35, 101-111.

Kirby E.J.M., Faris D.G., 1972. The effect of plant density on tiller growth and morphology in barley, *J. Agric. Sci. Camb.*, 78, 281-288.

Kirby E.J.M., Appleyard M., Fellowes G., 1985. Leaf emergence and tillering in barley and wheat, *Agron.*, 5 (3), 193-200.

Klepper B., Rickman R.W., Peterson C.M., 1982. Quantitative characterization of vegetative development in small cereal grains, *Agron. J.*, 74, 789-792.

Klepper B., Belford R.K., Rickman R.W., 1984. Root and shoot development in winter wheat, *Agron. J.*, 76 (1), 117-122.

Klimes L., 2000. *Phragmites australis* at an extreme altitude: rhizome architecture and its modelling, *Folia Geobot.*, 35 (4), 403-417.

Klimes L., Klimesova J., Hendriks R., van Groenendael J., 1997. Clonal plant architecture: a comparative analysis of form and function, *in* H. de Kroon et van Groenendael J.(eds.), *The ecology and evolution of clonal plants.*, Backhuys Publischers, Leiden (NL), 1-29.

Kobayashi K., Yokoi Y., 2001. Decreasing shoot density of isolated *Miscanthus sinensis* patches in the warm-temperate region of Japan, *Grassl. Sci.*, 47 (5), 460-470.

Kobayashi K., Yokoi Y., 2003a. Spatiotemporal patterns of shoots within an isolated *Miscanthus sinensis* patch in the warm-temperate region of Japan, *Ecol. Res.*, 18 (1), 41-51.

Kobayashi K., Yokoi Y., 2003b. Shoot population dynamics of persisting clones of *Miscanthus sinensis* in the warm-temperate region of Japan, *J. Plant Res.*, 116, 443-453.

Korte C.J., 1986. Tillering in 'Grasslands Nui' perennial ryegrass swards — 2: seasonal pattern of tillering and age of flowering tillers with mowing frequencies, *NZ J. Agric. Res.*, 29, 629-638.

Korte C.J., Harris W., 1987. Stolon development in grazed 'Grasslands Nui' perennial ryegrass, *NZ J. Agric. Res.*, 30, 139-148.

Kydd D.D., 1966. The effect of intensive sheep stocking over a five-year period on the development and production of the sward, *J. Br. Grassl. Soc.*, 21, 284-288.

L

Lafarge M., 2000. Phenotypes and the onset of competition in spring barley stands of one genotype: daylength and density effects on tillering, *Eur. J. Agron.*, 12, 211-223.

Lafarge M., 2001. Three approaches for analysis the dynamics of the horizontal layout of tillers in grass patches. Application to tall fescue swards surveyed over two growing seasons, *Acta Oecol.*, 22, 109-119.

Lafarge M., 2006. Reproductive tillers in cut tall fescue swards: differences according to sward age and fertilizer nitrogen application, and relationships with the local dynamics of the sward, *Grass Forage Sci.*, 61, 182-191.

Lafarge M., Loiseau P., 2002. Tiller density and stand structure of tall fescue swards differing in age and nitrogen level, *Eur. J. Agron.*, 17 (3), 209-219.

Lafarge M., Mazel C., Hill D.R.C., 2005. A modelling of the tillering capable of reproducing the fine-scale horizontal heterogeneity of a pure grass sward and its dynamics, *Ecol. Modelling*, 183 (1), 125-141.

Lambert D.A., Jewiss O.R., 1970. The position in the plant and the date of origin of tillers which produce inflorescences, *J. Br. Grassl. Soc.*, 25, 107-112.

Langer R.H.M., 1959. Growth and nutrition of timothy (*Phleum pratense* L.) — V: Growth and flowering at different levels of nitrogen, *Ann. Appl. Biol.*, 47 (4), 740-751.

Langer R.H.M., Prasad P.C., Laude H.M., 1973. Effects of kinetin on tiller bud elongation in wheat (*Triticum aestivum* L.), *Ann. Bot.*, 37, 565-571.

Lawson A.R., Kelly K.B., Sale P.W.G., 1997. Effect of defoliation frequency on an irrigated perennial pasture in northern Victoria — 2: Individual plant morphology, *Austr. J. Agric. Res.*, 48 (6), 819-829.

Legendre P., Fortin M.J., 1989. Spatial pattern and ecological analysis, *Vegetatio*, 80, 107-138.

Lemieux C., Cloutier D.C., Leroux G.D., 1993. Distribution and survival of quackgrass (*Elytrigia repens*) rhizome buds, *Weed Sci.*, 41 (4), 600-606.

Leshem B., Nir I., 1972. Growth and histological changes during transition to dormancy in the regeneration buds of *Hordeum bulbosum* L., *Ann. Bot.*, 36, 1017-1022.

Lestienne F., Gastal F., Moulia B., Thornton B., 2002. Pattern of leaf and tiller development of perennial ryegrass plants, *in* J.-L. Durand, *Multi-function grasslands: quality forages, animal products and landscapes*, proceedings of the 19th general meeting of the European Grassland Federation, EGF, Grassland Science in Europe,

La Rochelle (France), 27-30 mai 2002, a.a., 332-333.

Leto C., Sarno M., La Bella S., Tuttolomondo T., Licata M., 2004. An initial study into the suitability of sicilian ecotypes of *Cynodon dactylon* (L.) Pers. for turfgrass use, *Acta Hortic.*, 661, 393-397.

Liu X., Huang B., 2002. Mowing effects on root production, growth, and mortality of creeping bentgrass, *Crop Sci.*, 42, 1241-1250.

Lock A.A., 2003. The origin and significance of an indent on wheat leaves, *J. Agric. Sci.*, 141, 179-190.

Lodge G.M., 2004. Response of phalaris to differing water regimes or grazing treatments as measured by basal bud weight, water-soluble carbohydrates, and plant tillers, *Aust. J. Agric. Res.*, 55 (8), 879-885.

Loiseau P., 1977. Morphologie de la touffe et croissance de *Nardus stricta* L. Influence de la pâture et de la fauche, *Ann. Agron.*, 28 (2), 185-213.

Loiseau P., El Habchi A., De Montard F.-X., Triboï E., 1992. Indicateurs pour la gestion de l'azote dans les systèmes de culture incluant la prairie temporaire de fauche, *Fourrages*, 129, 29-43.

Longnecker C., Robson A., 1994. Leaf emergence of spring wheat receiving varying nitrogen supply at different stages of development, *Ann. Bot.*, 74, 1-7.

Lopez I.F., Balocchi O.A., Kemp P.D., Valdes C., 2009. Phenotypic variability in *Holcus lanatus* L. in southern Chile: a strategy that enhances plant survival and pasture stability, *Crop Pasture Sci.*, 60 (8), 768-777.

Lord J.M., 1993. Does clonal fragmentation contribute to recruitment in *Festuca novae-zelandiae? NZ J. Bot.*, 31, 133-138.

Loreau M., 2000. Biodiversity and ecosystem functioning: recent theoretical advances, *Oikos*, 91 (1), 3-17.

Lovett-Doust L., Lovett-Doust J., 1982. The battle strategies of plants, *New Sci.*, 81-84.

Lush W.M., Franz P.R., 1991. Estimating turf biomass, tiller density, and species composition by coring, *Agron. J.*, 83 (5), 800-803.

M

Maillette L., 1986. Canopy development, leaf demography and growth dynamics of wheat and 3 weed species growing in pure and mixed stands, *J. Applied Ecol.*, 23 (3), 929-944.

Malinowski D.P., Zuo H., Kramp B.A., Muir J.P., Pinchak W.E., 2005. Obligatory summer-dormant cool-season perennial grasses for semiarid environments of the southern Great Plains, *Agron. J.*, 97 (1), 147-154.

Malvoisin P., 1984a. Organogenèse et croissance du maître-brin du blé tendre (*Triticum aestivum*) du semis à la floraison — I : Relations observées entre la croissance foliaire et la différenciation des ébauches foliaires ou florales, *Agron.*, 4 (6), 557-564.

Malvoisin P., 1984b. Organogenèse et croissance du maître-brin du blé tendre (*Triticum aestivum*) du semis à la floraison — II : Contrôle des relations entre la croissance et la vascularisation de la tige et des feuilles. Essai de modélisation, *Agron.*, 4 (7), 587-596.

Marshall C., 1990. Source-sink relations of interconnected ramets, *in* van Groenendael J., H. De Kroon (eds.), *Clonal growth in plants: regulation and function*, SPB Acad. Publishing, The Hague (NL), 23-41.

Marshall C., 1996. Sectoriality and physiological organisation in herbaceous plants: an overview, *Veg.*, 127, 9-16.

Martre P., Cochard H., Durand J.-L., 2001. Hydraulic architecture and water flow in growing grass tillers (*Festuca arundinacea* Schreb.), *Plant Cell Environ.*, 24 (1), 65-76.

Masle-Meynard J., Sebillotte M., 1981. Étude de l'hétérogénéité d'un peuplement de blé d'hiver — II : Origine des différentes catégories d'individus du peuplement ; éléments de description de sa structure, *Agron.*, 1 (3), 217-224.

Matthew C., 2002. Translocation from flowering to daughter tillers in perennial ryegrass (*Lolium perenne* L.), *Aust. J. Agric. Res.*, 53, 21-28.

Matthew C., Quilter S.J., Korte C.J., Chu A.C.P., Mackay A.D., 1989. Stolon formation and significance for sward tiller dynamics in perennial ryegrass,. *Proc. NZ Grassl. Assoc.*, 50, 255-259.

Matthew C., Chu A.C.P., Hodgson J., Mackay A.D., 1991. Early summer pasture control: what suits the plant? *Proc. NZ Grassl. Assoc.*, 53, 73-77.

Matthew C., Yang J.Z., Potter J.F., 1998. Determination of tiller and root appearance in perennial ryegrass (*Lolium perenne*) swards by observation of the tiller axis, and potential application in mechanistic modelling, *NZ J. Agric. Res.*, 41 (1), 1-10.

Matthew C., Assuero S.G., Black C.K., Sackville Hamilton N.R., 2000. Tiller dynamics of grazed swards, *in* G. Lemaire, J. Hodgson, A. de Moraes, P.C. de F. Carvalho, C. Nabinger (eds.), *Grassland ecophysiology and grazing ecology*, CABI Publishing, Wallingford, Oxon (UK), 127-150.

Maurice I., Gastal F., Durand J.-L., 1997. Generation of form and associated mass deposition during leaf development in grasses: a kinematic approach for non-steady growth, *Ann. Bot.*, 80, 673-683.

Mazel C., Lafarge M., Hill D.R.C., 2005. An individual-based, stochastic and spatial model to simulate the ramification of grass tillers and their distribution in swards, *Simulation Modelling Pract. Theory*, 13 (4), 308-334.

McIntyre G.I., 1967. Environmental control of bud and rhizome development in the seedling of *Agropyron repens* L. Beauv., *Can. J. Bot.*, 45, 1315-1326.

McIntyre G., 1972. Studies on bud development in the rhizome of *Agropyron repens* — II: The effect of the nitrogen supply, *Can. J. Bot.*, 50, 393-401.

McKendrick J.D., Owensby C.E., Hyde R.M., 1975. Big bluestem and Indian grass vegetative reproduction and annual reserve carbohydrate and nitrogen cycles, *Agro-Ecosyst.*, 2 (1), 75-93.

McMaster G.S., 2005. Phytomers, phyllochrons, phenology and temperate cereal development, *J. Agric. Sci.*, 143, 137-150.

McWilliam J.R., 1968. The nature of the perennial response in Mediterranean grasses — II: Senescence, summer dormancy, and survival in *Phalaris*, *Aust. J. Agric. Res.*, 19, 397-409.

Miglietta F., 1989. Effect of photoperiod and temperature on leaf initiation rates in wheat (*Triticum* spp.), *Field Crops Res.*, 21, 121-130.

Minderhoud J.W., 1980. Tillering and persistency in perennial ryegrass, *in Third International turfgrass research conference*, Munich (Allemagne), 97-107.

Moriyama M., Abe J., Yoshida M., 2003. Etiolated growth in relation to energy reserves and winter survival in three temperate grasses, *Euphytica*, 129 (3), 351-360.

Moulia B., Loup C., Chartier M., Allirand J.M., Edelin C., 1999. Dynamics of architectural development of isolated plants of maize (*Zea mays* L.), in a non-limiting environment: the branching potential of modern maize, *Ann. Bot.*, 84, 645-656.

Murphy J.S., Briske D.D., 1992. Regulation of tillering by apical dominance — Chronology, interpretive value, and current perspectives, *J. Range Manage.*, 45 (5), 419-429.

Murphy J.S., Briske D.D., 1994. Density-dependent regulation of ramet recruitment by the red:far-red ratio of solar radiation: a field evaluation with the bunchgrass *Schyzachyrium scoparium*, *Oecol.*, 97, 462-469.

N

Nelson C.J., 2000. Shoot morphological plasticity of grasses: leaf growth vs. tillering, *In* G. Lemaire, J. Hodgson, A. de Moraes, P.C. de F. Carvalho, C. Nabinger (eds.), *Grassland ecophysiology and grazing ecology*, CABI Publishing, Wallingford, Oxon (UK), 101-126.

Neuteboom J.H., 1981. Effect of different mowing regimes on the growth and development of four clones of couch, *Meded. Landbouwhogesch. Wageningen*, 81, 1-26.

Neuteboom J.H., Lantinga E.A., 1989. Tillering potential and relationship between leaf and tiller production in perennial ryegrass, *Ann. Bot.*, 63, 265-270.

Newman P.R., Moser L.E., 1988. Grass seedling emergence, morphology and establishment as affected by planting depth, *Agron. J.*, 80 (3), 383-387.

Niklas K.J., 1990. The mechanical significance of clasping leaf sheaths in grasses: evidence from two cultivars of *Avena sativa*, *Ann. Bot.*, 65, 505-512.

Noble J.C., Bell A.D., Harper J.L., 1979. The population biology of plants with clonal growth, *J. Ecol.*, 67, 983-1008.

Norton M.R., Lelievre F., Volaire F., 2006. Summer dormancy in *Dactylis glomerata* L.: the influence of season of sowing and a simulated mid-summer storm on two contrasting cultivars, *Aust. J. Agric. Res.*, 57 (5), 565-575.

Novoplansky A., Goldberg D., 2001. Interactions between neighbour environments and drought resistance, *J. Arid Environ.*, 47 (1), 11-32.

Nyahoza F., Marshall C., Sagar G.R., 1974. Some aspects of the physiology of the rhizomes of *Poa pratensis* L., *Weed Res.*, 14, 329-336.

O

Oborny B., Cain M.L., 1997. Models of spatial spread and foraging in clonal plants, *in* H. De Kroon, van Groenendael J. (eds.), *The ecology and evolution of clonal plants*, Backhuys Publishers, Leiden (NL), 155-183.

Oborny B., Czaran T., Kun A., 2001. Exploration and exploitation of resource patches by clonal growth: a spatial model on the effect of transport between modules, *Ecol. Modelling*, 141 (1-3), 151-169.

Ofir M., 1975. Morphogenesis of regeneration buds in *Hordeum bulbosum* L. Perennial grass, *Ann. Bot.*, 39 (160), 213-217.

Ofir M., 1986. Seasonal changes in the response to temperature of summer dormant *Poa bulbosa* L. bulbs, *Ann. Bot.*, 58 (1), 81-89.

Ofir M., Kigel J., 1998. Abscisic acid involvement in the induction of summer-dormancy in *Poa bulbosa*, a grass geophyte, *Physiol. Plant.*, 102 (2), 163-170.

Ofir M., Kigel J., 1999. Photothermal control of the imposition of summer dormancy in *Poa bulbosa*, a perennial grass geophyte, *Physiol. Plant.*, 105 (4), 633-640.

Olszewska L., Wielicka M., 1978. Regrowth ability of the tufted grasses covered with soil, *in Constraints to grass growth and grass land output*, proceedings of the 7th general meeting of the European grassland federation, Merelkebe (Belgium), 3.25-3.31.

Olszewska L., Wielicka M., 1981. Wpliyw czesciowego przykrycia ziemia na morfologie i anatomie odrastajacych pedow kepowych traw (The influence of partial covering with soil on the morphology and anatomy of regrowing stems of tufted grasses), *Acta Agrobot.*, 34 (1), 45-52.

Olszewska L., Wielicka M., 1984. Dependance of anatomical structure features on morphological form of branching of grass shoots, *Acta Agrobot.*, 37 (1), 17-28.

Ong C.K., 1978. The physiology of tiller death in grasses — 1: The influence of tiller age, size and position, *J. Brit. Grass. Soc.*, 33, 197-203.

Ong C.K., Marshall C., 1979. The growth and survival of severely-shaded tillers in *Lolium perenne* L., *Ann. Bot.*, 43, 147-155.

Ong C.K., Marshall C., Sagar G.R., 1978. The physiology of tiller death in grasses — 2: Causes of tiller death in a grass sward, *J. Br. Grassl. Soc.*, 33, 205-211.

Onillon B., 1993. *Effets d'une contrainte hydrique édaphique sur la croissance de la fétuque élevée soumise à différents niveaux de nutrition azotée. Étude à l'échelle foliaire et à celle du couvert végétal*, thèse de doctorat, université de Poitiers, 122 p. + annexes.

P

Pagès L., Pellerin S., 1994. Evaluation of parameters describing the root system architecture of field grown maize plants (*Zea mays* L.) — II: Density, length, and branching of first-lateral roots, *Plant and Soil*, 164, 169-176.

Palmer J.H., 1962. Studies in the behaviour of the rhizome of *Agropyron repens* (L.) Beauv. — II: Effect of soil factors on the orientation of the rhizome, *Physiol. Plant.*, 15, 445-451.

Pardales J.R., Kono Y., 1990. Development of sorghum root system under increasing drought stress, *Jap. J. Crop Sci.*, 59 (4), 752-761.

Parsons A.J., Collett B., Lewis J., 1984. Changes in the structure and physiology of a perennial ryegrass sward when released from a continuous stocking management: implications for use of exclusion cages in continuously stocked swards, *Grass Forage Sci.*, 39, 1-9.

Pärtel M., Wilson S.D., 2001. Root and leaf production, mortality and longevity in response to soil heterogeneity, *Funct. Ecol.*, 15 (6), 748-753.

Patrick J.W., 1972a. Vascular system of the stem of the wheat plant — 1: Mature state, *Aust. J. Bot.*, 20, 49-63.

Patrick J.W., 1972b. Vascular system of the stem of the wheat plant — 2: Development, *Aust. J. Bot.*, 20, 65-78.

Pechackova S., During H.J., Rydlova V., Herben T., 1999. Species-specific spatial pattern of below-ground plant parts in a montane grassland community, *J. Ecol.*, 87 (4), 569-582.

Pellerin S., Pagès L., 1994. Evaluation of parameters describing the root system architecture of field grown maize plants (*Zea mays* L.) — I: Elongation of seminal and nodal roots and extension of their branched zone, *Plant and Soil*, 164, 155-167.

Perreta M., 2004. Morphological variations in *Melica macra* (Poaceae) tussock, *Beitr. Biol. Pflanz.*, 73, 201-212.

Perreta M.G., Vegetti A.C., 2004. Structure and development of the branching system in *Melica macra* (Poaceae), *Flora*, 199 (1), 36-41.

Pharis R.P., Evans L.T., King R.W., Mander L.N., 1987. Gibberellins, endogenous and applied, in relation to flower induction in the long-day plant *Lolium temulentum*, *Plant Physiol.*, 84, 1132-1138.

Picard D., Jordan M.O., Trendel R., 1985. Rythme d'apparition des racines primaires du maïs (*Zea mays* L.) — 1 : Étude détaillée pour une variété en un lieu donné, *Agron.*, 5 (8), 667-676.

Pielou E.C., 1969. The measurement of aggregation, *in* E.C. Pielou (ed.), *An introduction to mathematical ecology*, chap. 8, Wiley-interscience, New York, 90-98.

Pinxterhuis J.B., 2000. *White clover dynamics in New Zealand pastures*, PhD thesis, Wageningen University (NL), 153 p.

Piqueras J., Klimes L., 1998. Demography and modelling of clonal fragments in the pseudoannual plant *Trientalis europaea* L., *Plant Ecol.*, 136 (2), 213-227.

Pitelka L.F., 1984. Application of the − 3/2 power law to clonal herbs, *Am. Nat.*, 123 (4), 442-449.

Poysa V.W., 1985. Effect of forage harvest on grain yield and agronomic performance of winter triticale, wheat and rye, *Can. J. Plant Sci.*, 65, 879-888.

Pruzinkiewicz P, Lindenmayer A. 1990. *The algoritmic beauty of plants*, Springer Verlag, New York.

Pugnaire F.I., Haase P., Incoll L.D., Clark S.C., 1996. Response of the tussock grass *Stipa tenacissima* to watering in a semi-arid environment, *Funct. Ecol.*, 10, 265-274.

R

Raju M.V.S., Steeves T.A., 1998. Growth, anatomy and morphology of the mesocotyl and the growth of appendages of the wild oat (*Avena fatua* L.) seedling, *J. Plant Res.*, 111, 73-85.

Raventos J., Silva J.F., 1988. Architecture, seasonal growth and interference in three grass species with different flowering phenologies in a tropical savanna, *Vegetatio*, 75, 115-123.

Ravi S., D'Odorico P., Wang L., Collins S., 2008. Form and function of grass ring patterns in arid grasslands: the role of abiotic controls, *Oecol.*, 158 (3), 545-555.

Read J., Stokes A., 2006. Plant biomechanics in an ecological context, *Am. J. Bot.*, 93 (10), 1546-1565.

Rew L.J., Cussans G.W., Mugglestone M.A., Miller P.C.H., 1996. A technique for mapping the spatial distribution of *Elymus repens*, with estimates of the potential reduction in herbicide usage from patch spraying, *Weed Res.*, 36, 283-292.

Rickman R.W., Klepper B.L., 1995. The phyllochron: where do we go in the future? *Crop Sci.*, 35 (1), 44-49.

Ries R.E., 1999. Factors influencing crown placement of oats (*Avena sativa* L.), *J. Range Manage.*, 52 (2), 181-186.

Robson M.J., 1968. The changing tiller population of spaced plants of S.170 tall fescue (*Festuca arundinacea*), *J. Appl. Ecol.*, 5, 575-590.

Robson M.J., 1974. The effect of temperature on the growth of S170 talle fescue (*Festuca arundinacea*), *J. Appl Ecol.* 11, 265-279.

Rogan P.G., Smith D.L., 1974. The development of the shoot apex of *Agropyron repens* (L.) Beauv., *Ann. Bot.*, 38, 967-976.

Rogan P.G., Smith D.L., 1975. Rates of leaf initiation and leaf growth in *Agropyron repens* (L.) Beauv., *J. Exp. Bot.*, 26 (90), 70-78.

Rogan P.G., Smith D.L., 1976. Experimental control of bud inhibition in rhizomes of *Agropyron repens* (L.) Beauv., *Z. Pflanzenphysiol.*, 78, 113-121.

Room P.M., Maillette L., Hanan J.S., 1994. Module and metamer dynamics and virtual plants, *Adv. Ecol. Res.*, 25, 105-157.

Ryle G.J.A., 1964. A comparison of leaf and tiller growth in seven perennial grasses as influenced by nitrogen and temperature, *J. Br. Grassl. Soc.*, 19, 281-290.

Ryser P., Urbas P., 2000. Ecological significance of leaf life span among Central European grass species, *Oikos*, 91 (1), 41-50.

S

Samuelson M.E., Eliasson L., Larsson C.M., 1992. Nitrate-regulated growth and cytokinin responses in seminal roots of barley, *Plant Physiol.*, 98, 309-315.

Sanchez G., Puigdefabregas J., 1994. Interactions of plant growth and sediment movement on slopes in a semi-arid environment, *Geomorphol.*, 9, 243-260.

Sanson G., 2006. The biomechanics of browsing and grazing, *Am. J. Bot.*, 93 (10), 1531-1545.

Sarmiento G., 1992. Adaptive strategies of perennial grasses in South-American savannas, *J. Veg. Sci.*, 3 (3), 325-336.

Schnyder H., Seo S., Rademacher I.F., Kuhbauch W., 1990. Spatial distribution of growth rates and of epidermal cell lengths in the elongation zone during leaf development in *Lolium perenne* L., *Planta*, 181 (3), 423-431.

Schwarz A.G., Reaney M.J.T., 1989. Perennating structures and freezing tolerance of Northern and Southern populations of C4 grasses, *Bot. Gaz.*, 150 (3), 239-246.

Scott W.R., Hines S.E., 1991. Effects of grazing on grain yield of winter barley and triticale: the position of the apical dome relative to the soil surface, *NZ J. Agric. Res.*, 34, 177-184.

Shanahan J.F., Donnelly K.J., Smith D.H., Smika D.E., 1985. Shoot developmental properties associated with grain yield in winter wheat, *Crop Sci.*, 25 (5), 770-775.

Sharif R., Dale J.E., 1980. Growth-regulating substances and the growth of tiller buds in barley; effects of cytokinins, *J. Exp. Bot.*, 31 (123), 921-930.

Sharman B.C., 1942. Developmental anatomy of the shoot of *Zea mays* L., *Ann. Bot.*, 6 (22), 245-282 + 2 p.

Shipley L.A., Illius A.W., Danell K., Hobbs N.T., Spalinger D.E., 1999. Predicting bite size selection of mammalian herbivores: a test of a general model of diet optimization, *Oikos*, 84 (1), 55-68.

Simon J.C., Lemaire G., 1987. Tillering and leaf area index in grasses in vegetative phase, *Grass Forage Sci.*, 42, 373-380.

Simons R.G., Davies, A., Troughton A., 1974. The effect of cutting height and mulching on aerial tillering in two contrasting genotypes of perennial ryegrass, *J. Agric. Sci. Camb.*, 83, 267-273.

Sinoquet H., Thanisawanyangkura S., Mabrouk H., Kasemsap P., 1998. Characterization of the light environment in canopies using 3D digitising and image processing, *Ann. Bot.*, 82 (2), 203-212.

Skalova H., 2010. Potential and constraints for grasses to cope with spatially heterogeneous radiation environments, *Plant Ecol.*, 206 (1), 115-125.

Skalova H., Krahulec F., During H.J., Hadincova V., Pechackova S., Herben T., 1999. Grassland canopy composition and spatial heterogeneity in the light quality, *Plant Ecol.*, 143 (2), 129-139.

Skinner R.H., Nelson C.J., 1994a. Epidermal cell division and the coordination of leaf and tiller development, *Ann. Bot.*, 74 (1), 9-15.

Skinner R.H., Nelson C.J., 1994b. Effect of tiller trimming on phyllochron and tillering regulation during tall fescue development, *Crop Sci.*, 34, 1267-1273.

Skinner R.H., Nelson C.J., 1995. Elongation of the grass leaf and its relationship to the phyllochron, *Crop Sci.*, 35, 4-10.

Smith H., 1982. Light quality, photoreception and plant strategy, *Ann. Rev. Plant Physiol.*, 33, 481-518.

Soriano A., Sala O.E., Perelman S.B., 1994. Patch structure and dynamics in a Patagonian arid steppe. *Vegetatio*, 111, 127-135.

Stark J.C., Longley T.S., 1986. Changes in spring wheat tillering patterns in response to delayed irrigation, *Agron. J.*, 78, 892-896.

Steen E., Larsson K., 1986. Carbohydrates in roots and rhizomes of perennial grasses, *New Phytol.*, 104 (3), 339-346.

Stiff M.L., Powell J.B., 1974. Stem anatomy of turfgrass, *Crop Sci.*, 14, 181-186.

Stuefer J.F., de Kroon H., During H.J., 1996. Exploitation of environmental heterogeneity by spatial division of labour in a clonal plant, *Funct. Ecol.*, 10, 328-334.

Suzuki J.I., Stuefer J.F., 1999. On the ecological and evolutionary significance of storage in clonal plants, *Plant Species Biol.*, 14, 11-17.

Suzuki J.I., Herben T., Krahulec F., Hara T., 1999. Size and spatial pattern of *Festuca rubra* genets in a mountain grassland: its relevance to genet establishment and dynamics, *J. Ecol.*, 87, 942-954.

Syers J.K., Sharpley A.N., Keeney D.R., 1979. Cycling of nitrogen by surface-casting earthworms in a pasture ecosystem, *Soil Biol. Biochem.*, 11, 181-185.

Sylvester A.W., Reynolds J.O., 1999. Annual and biennial flowering habit of Kentucky bluegrass tillers, *Crop Sci.*, 39, 500-508.

T

Tallowin J.R.B., 1985. Herbages losses from tiller pulling in a continuously grazed perennial ryegrass sward, *Grass Forage Sci.*, 40, 13-18.

Thom E.R., 1991. Effect of early spring grazing frequency on the reproductive growth and development of a perennial ryegrass tiller population, *NZ J. Agric. Sci.*, 34, 383-389.

Thomas H., James A.R., 1999. Partitioning of sugars in *Lolium perenne* (perennial ryegrass) during drought and on rewatering, *New Phytol.*, 142 (2), 295-305.

Thomas H., James A.R., Humphreys M.W., 1999. Effects of water stress on leaf growth in tall fescue, Italian ryegrass and their hybrid: rheological properties of expansion zones of leaves, measured on growing and killed tissue, *J. Exp. Bot.*, 50 (331), 221-231.

Thompson J.D., Gray A.J., McNeilly T., 1990. The effects of density on the population dynamics of *Spartina anglica*, *Acta Oecol.*, 11 (5), 669-682.

Thomson A.J., 1974. Effect of autumn management on winter damage and subsequent spring production of 6 varieties of *Lolium perenne* grown at Cambridge, *J. Br. Grassl. Soc.*, 29 (4), 275-284.

Till-Bottraud I., Wu L., Harding J., 1990. Rapid evolution of life history traits in populations of *Poa annua* L., *J. Evol. Biol.*, 3, 205-224.

Tomlinson K.W., O'Connor T.G., 2004. Control of tiller recruitment in bunchgrasses: uniting physiology and ecology, *Funct. Ecol.*, 18 (4), 489-496.

Tomlinson K.W., O'Connor T.G., 2005. The effect of defoliation environment on primary growth allocation and secondary tiller recruitment of two bunchgrasses, *Afr. J. Range Forage Sci.*, 22 (1), 29-36.

Tripathi R.S., Harper J.L., 1973. The comparative biology of *Agropyron repens* (L.) Beauv. and *A. caninum* (L.) Beauv. — 1: The growth of mixed populations established from tillers and from seeds, *J. Ecol.*, 61 (2), 353-368.

Troughton A., 1981. Length of life of grass roots, *Grass Forage Sci.*, 36, 117-120.

Tsuji W., Inanaga S., Araki H., Morita S., An P., Sonobe K., 2005. Development and distribution of root system in two grain sorghum cultivars originated from Sudan under drought stress, *Plant Prod. Sci.*, 8 (5), 553-562.

V

Valentin C., d'Herbes J.M., Poesen J., 1999. Soil and water components of banded vegetation patterns, *Catena*, 37, 1-24.

van Hulzen J.B., van Soelen J., Bouma T.J., 2007. Morphological variation and habitat modification are strongly correlated for the autogenic ecosystem engineer *Spartina anglica* (common cordgrass), *Estuaries and Coasts*, 30 (1), 3-11.

Verburg R., Maas J., During H.J., 2000. Clonal diversity in differently-aged populations of the pseudo-annual clonal plant *Circaea lutetiana* L., *Plant Biol.*, 2 (6), 646-652.

Verdenal A., Combes D., Escobar-Gutierrez A.J., 2008. A study of ryegrass architecture as a self-regulated system, using functional-structural plant modelling, *Funct. Plant Biol.*, 35 (9-10), 911-924.

Vincent J.F.V., 1991. Strength and fracture of grasses, *J. Mater. Sci.*, 26, 1947-1950.

Vine D.A., 1983. Sward structure changes within a perennial ryegrass sward: leaf appearance and death, *Grass Forage Sci.*, 38, 231-242.

Volaire F., 1995. Growth, carbohydrate reserves and drought survival strategies of contrasting *Dactylis glomerata* populations in a Mediterranean environment, *J. Appl. Ecol.*, 32 (1), 56-66.

Volaire F., Norton M., 2006. Summer dormancy in perennial temperate grasses, *Ann. Bot.*, 98, 927-933.

Volaire F., Thomas H., Lelievre F., 1998. Survival and recovery of perennial forage grasses under prolonged Mediterranean drought — I: Growth, death, water relations and solute content in herbage and stubble, *New Phytol.*, 140 (3), 439-449.

Volaire F., Norton M.R., Norton G.M., Lelievre F., 2005. Seasonal patterns of growth, dehydrins and water-soluble carbohydrates in genotypes of *Dactylis glomerata* varying in summer dormancy, *Ann. Bot.*, 95 (6), 981-990.

Volenec J.J., Nelson C.J., 1981. Cell dynamics in leaf meristems of contrasting tall fescue genotypes, *Crop Sci.*, 21 (3), 381-385.

W

Watt A.S., 1947. Pattern and processes in the plant community, *J. Ecol.*, 35, 1-22.

Welbank P.J., Gibb M.J., Taylor P.J., Williams E.D., 1974. Root growth of cereal crops, *in Rothamsted experimental station*, report for 1973, part 2., 26-66.

Westoby M., 1984. The self-tinning rule, *Adv. Ecol. Res.*, 14, 167-225.

White J., 1979. The plant as a metapopulation, *Ann. Rev. Ecol. Syst.*, 10, 109-145.

White J., 1980. Demographic factors in populations of plants, *in* O.T. Solbrig (ed.), *Demography and Evolution in Plant Populations*, Blackwell, Oxford, 21-48.

Wikberg S., Mucina L., 2002. Spatial variation in vegetation and abiotic factors related to the occurrence of a ring-forming sedge, *J. Veg. Sci.*, 13 (5), 677-684.

Wikberg S., Svensson B.M., 2003. Ramet demography in a ring-forming clonal sedge, *J. Ecol.*, 91 (5), 847-854.

Wikberg S., Svensson B.M., 2006. Ramet dynamics in a centrifugally expanding clonal sedge: a matrix analysis, *Plant Ecol.*, 183 (1), 55-63.

Wildova R., Gough L., Herben T., Hershock C., Goldberg D.E., 2007a. Architectural and growth traits differ in effects on performance of clonal plants: an analysis using a field-parameterized simulation model, *Oikos*, 116 (5), 836-852.

Wildova R., Wild J., Herben T., 2007b. Fine-scale dynamics of rhizomes in a grassland community, *Ecogr.*, 30, 264-276.

Wilen C.A., Holt J.S., 1996. Spatial growth of kikuyugrass (*Pennisetum clandestinum*), *Weed Sci.*, 44, 323-330.

Wilhalm T., 1995. A comparative study of clonal fragmentation in tussock-forming grasses, *Abstr. Bot.*, 19, 51-60.

Willemoës J.G., Beltrano J., Montaldi E.R., 1987. Stolon differentiation in *Cynodon dactylon* (L.) pers. mediated by phytochrome, *Environ. Exp. Bot.*, 27 (1), 15-20.

Willemoës J.G., Beltrano J., Montaldi E.R., 1988. Diagravitropic growth promoted by high sucrose contents in *Paspalum vaginatum*, and its reversion by gibberellic acid, *Can. J. Bot.*, 66, 2035-2037.

Williams D.G., Briske D.D., 1991. Size and ecological significance of the physiological individual in the bunchgrass *Schyzachyrium scoparium*, *Oikos*, 62 (1), 41-47.

Williams R.F., Sharman B.C., Langer R.H.M., 1975. Growth and development of the wheat tiller — 1: Growth and form of the tiller bud, *Aust. J. Bot.*, 23, 715-43.

Wilman D., Acuna G.H., 1993. Effects of cutting height on the growth of leaves and stolons in perennial ryegrass-white clover swards, *J. Agric. Sci.*, 121 (1), 39-46.

Wilman D., Gao Y., Michaud P.J., 1994. Morphology and position of the shoot apex in some temperate grasses, *J. Agric. Sci. Camb.*, 122, 375-383.

Wolfer S.R., van Nes E.H., Straile D., 2006. Modelling the clonal growth of the rhizomatous macrophyte *Potamogeton perfoliatus*, *Ecol. Modelling*, 192 (1-2), 67-82.

Wright W., Illius A.W., 1995. A comparative study of the fracture properties of five grasses, *Funct. Ecol.*, 9 (2), 269-278.

Wright W., Vincent J.F.V., 1996. Herbivory and the mecanics of fracture in plants, *Biol. Rev.*, 71, 401-413.

Wu J., Levin S.A., 1994. A spatial patch dynamic modeling approach to pattern and process in an annual grassland, *Ecol. Monogr.*, 64 (4), 447-464.

Y

Yabe K., 1985. Distribution and formation of tussocks in mobara-yatsumi marsh, *Jap. J. Ecol.*, 35, 183-191.

Yang J.Z., Matthew C., Rowland R.E., 1998. Tiller axis observations for perennial ryegrass (*Lolium perenne*) and tall fescue (*Festuca arundinacea*): number of active phytomers, probability of tiller appearance, and frequency of root appearance per phytomer for three cutting heights, *NZ J. Agric. Res.*, 41, 11-17.

Ye X.H., Yu F.H., Dong M., 2006. A trade-off between guerrilla and phalanx growth forms in *Leymus secalinus* under different nutrient supplies, *Ann. Bot.*, 98 (1), 187-191.

Young W.C., Youngberg H.W., Silbertstein T.B., 1998. Management studies on seed production of turf-type tall fescue — II: Seed yield components, *Agron. J.*, 90, 478-483.

Yu O., Gounot M., 1981. Recherches sur le tallage chez le dactyle (*Dactylis glomerata* L.) — 1 : Étude expérimentale de l'effet de l'azote sur le tallage, *Acta Oecol.-Oecol. Plant.*, 2 (4), 351-365.

Z

Zur B., Hesketh J.D., Reid J.F., 1992. Temperature effects on nodal root development in maize, *Plant and Soil*, 142, 151-155.

Glossaire

Anastomose. Communication entre deux conduits de même nature — vaisseaux sanguins, nerfs ou vaisseaux conducteurs de sève chez les végétaux. Structure anatomique assurant cette communication.

Assimilats. Hydrates de carbone issus de la photosynthèse ; tous les sucres et les substances qui en proviennent par polymérisation (fructanes, amidon, etc.).

Auxèse. Croissance par augmentation de la taille des cellules. Elle commence surtout après la fin des divisions cellulaires (voir « Mérèse ») et se termine quand les parois des cellules sont adultes, c'est-à-dire en début de lignification.

Auxines. Hormones végétales stimulant la croissance par multiplication et par allongement des cellules. L'acide indolacétique (IAA) est une auxine.

Axillant, axillé. Un organe porté par un axe et formant un angle aigu avec lui est dit « axillant » quand il enveloppe et protège une structure placée à son aisselle le long de l'axe en question, celui-ci pouvant être très court. La structure enveloppée, elle, est dite « axillée ».

Brin maître. Appellation fréquente de l'axe issu de l'embryon. L'emploi de ce terme sous-entend que ce « brin » reste dominant dans le bouquet de talles qui aura été formé ultérieurement. Pertinent pour les céréales, ce terme l'est beaucoup moins pour les espèces prairiales, même à l'état de plantules. La morphologie du brin-maître et son développement sont ceux d'une talle comme les autres ; l'appellation de « talle principale » est préférable.

Bulbe. Axe court-noué dormant enveloppé de bases de feuilles gorgées de réserves (oignon, pâturin bulbeux, etc.).

C3. Sigle spécifiant le processus classique de la photosynthèse par son résultat : la production de sucres à 3 atomes de carbone par la rubP carboxylase (dite « Rubisco »). Ces sucres sont ensuite condensés en glucose ou en fructose (C6), puis en saccharose (C12). Ce processus se déroule correctement à des températures basses (à partir d'à peine plus de 0 °C) et moyennes, mais mal à des températures élevées (au-delà de 40 °C). Les festucoïdes, la betterave, le chêne sont des plantes en C3.

C4. Processus de photosynthèse produisant des sucres à 4 atomes de carbone. Sa conversion de l'énergie lumineuse est meilleure que celle du processus en C3 grâce à la présence abondante d'une enzyme et grâce à un agencement particulier des tissus chlorophylliens autour des faisceaux cribrovasculaires. L'abaissement de la pression partielle en CO_2 aux sites d'assimilation accroît fortement l'activité fixatrice de la rubP carboxylase. L'optimum de température de la photosynthèse en C4 est nettement plus élevé, mais le processus ne fonctionne pas à basse température. Les sucres en C4 se condensent en saccharose (C12), identique à celui qui provient de la photosynthèse classique en C3. Le maïs, le sorgho, le millet, la canne à sucre sont des plantes en C4.

Clone. Ensemble des individus fonctionnels ayant la même identité génétique. Voir au chapitre 1 les sections commençant p. 2 et p. 7.

Coléoptile. Forme particulière que prend la préfeuille sur la talle principale d'une plantule, c'est-à-dire l'axe qui provient de l'embryon. Au lieu d'être ouverte en haut, elle se termine par une pointe fermée, comme les feuilles-étuis des rhizomes. Cela lui facilite la traversée de la terre qui recouvre la semence. L'entrenœud sous le nœud du coléoptile est dénommé « épicotyle ». Il s'allonge très souvent pour amener le nœud du coléoptile près de la surface.

Court-noué. Tronçon d'axe dont les nœuds (et leurs appendices que sont feuilles, bourgeons, etc.) se succèdent sans entrenœuds visibles.

Cribrovasculaire. Faisceaux de vaisseaux de xylème et de phloème associés dans les nervures des feuilles. Dans un faisceau, le xylème se trouve sur la face dorsale de la feuille, (généralement orientée vers le bas), tandis que le phloème se trouve sur la face ventrale, Cette association étroite résulte de l'ontogenèse du système vasculaire et assure une alimentation en eau continue du phloème.

Cytokinines. Hormones végétales produites notamment dans les racines. Elles stimulent l'activité des cellules, et en particulier leur division.

Dormance. État de repos du végétal sous des conditions de milieu qui autoriseraient normalement la croissance. L'état de dormance s'observe par exemple en été (dormance estivale) chez des populations adaptées aux climats très secs. Cela leur permet de ne pas produire une végétation abondante lors de pluies épisodiques, végétation qui risquerait ensuite d'être détruite par la sécheresse.

Épiblaste. Phytomère propre à l'embryon, sans équivalent à la base d'une talle. Il est situé entre le scutellum (en dessous) et le phytomère du coléoptile, premier phytomère de la talle principale. L'épiblaste est réduit à un nœud porteur de racines. L'entrenœud du même phytomère, en dessous du nœud, est le mésocotyle, rarement allongé.

Espaceur. Nous appelons « espaceur » toute tige à peu près horizontale — rhizome ou stolon — qui distribue des bourgeons à distance d'une talle ou d'une tige mère lui ayant donné naissance. Dans la littérature en anglais, ce genre de tige est parfois dénommé « *runner* » ; le terme « *spacer* » désigne alors les intervalles entres ramètes émergés sur un *runner*.

Festucoïde. Groupe botaniquement homogène de graminées prairiales (*Festuca, Lolium, Agrostis, Poa, Phalaris*, etc) et de céréales tempérées. Ce terme sert ici (comme très souvent) à désigner plus largement les graminées dont la photosynthèse est en C3, même si leurs traits botaniques diffèrent de ceux des festucoïdes *stricto sensu*.

Gaine. Partie enroulée en tube de la feuille des graminées, analogue au pétiole des feuilles des dicotylédones. La gaine est séparée du limbe par la ligule. Elle ne transpire et ne photosynthétise pratiquement pas. C'est la gaine qui assure le soutien des parties aériennes.

Gibbérellines. Hormones végétales stimulant l'élongation cellulaire. Elles peuvent enclencher la montaison sur des plantes en rosette non induites à fleurir. Parmi les substances de ce groupe, la plus souvent citée est la GA3.

Guérilla. Stratégie de croissance clonale analogue à la stratégie de combat des *guerilleros* du XXe siècle : déplacements discrets à distance, occupation de sites favorables mal défendus, abandon rapide des sites devenant défavorables.

LAI. Acronyme pour « *leaf area index* » ou « indice foliaire ». C'est le rapport de la surface cumulée des feuilles présentes au-dessus d'une placette à la surface de cette placette.

Ligule. Organe situé à la jonction entre la gaine et le limbe des feuilles de graminées. La ligule sécrète des lubrifiants puis joue un rôle de fermoir. Voir p. 23.

Limbe. Partie plane de la feuille, formant un voile allongé, oblique, horizontal ou courbé. En section, le limbe présente la forme d'une spirale logarithmique ou une forme de V. Le limbe a pour fonction essentielle l'absorption du rayonnement solaire et sa conversion en biomasse. C'est le limbe qui transpire.

Mérèse. Croissance par multiplication. Processus de croissance des tissus végétaux faisant alterner augmentation de volume des cellules et division de celles-ci.

Méristème. Zone où les tissus sont en croissance par mérèse. Les cellules peuvent être indifférenciées ou en cours de différenciation. Un axe en croissance se termine toujours par un méristème apical (voir p. 19 et figures 2.3 à 2.7). Chez les graminées, un territoire méristématique reste en activité à la base du limbe, de la gaine et de l'entrenœud pendant la première partie de leur croissance. Ce méristème est dit « intercalaire » (voir p. 27).

Métamère. Unité anatomique répétée le long de l'axe d'un individu vivant, végétal ou animal (vertèbre, anneau d'un ver de terre, etc.).

Morphogenèse. Ensemble des processus qui aboutissent à la mise en place de la forme d'un végétal ou d'un organe. Ce terme peut désigner aussi la croissance en volume, qu'elle résulte de l'apparition de nouveaux organes ou bien de leur expansion.

Orthostichie. Alignement longitudinal de feuilles sur un axe. Il y a 2 orthostichies sur une talle.

Panicoïde. Groupe de graminées prairiales et céréales tropicales. Au-delà du groupe botaniquement homogène (*Panicum, Paspalum, Sorghum…*), ce terme désigne souvent l'ensemble des graminées dont la photosynthèse est en C4.

Phalange. Stratégie de croissance clonale analogue à la stratégie de combat des armées de l'Antiquité : déplacement lent d'un front dense, occupation durable des zones conquises.

Phloème. Tissu conducteur de la sève élaborée, celle qui revient des feuilles après y avoir été chargée en sucres et autres glucides. Le phloème transporte également des acides aminés, des hormones et des ARN messagers. Il est constitué de cellules vivantes formant les tubes criblés dans lesquels les substances dissoutes se déplacent avec la sève sous pression, et des cellules compagnes qui assurent les échanges avec les tissus environnants : prélèvements dans des organes dits « sources » ou déchargement dans des organes dits « puits ».

Phyllochrone. Délai entre l'émission de deux feuilles successives. Voir chapitre 2, p. 21 à 24.

Phyllotaxie. Géométrie de la disposition des feuilles successives sur un axe. Elle dépend du nombre de feuilles par nœud et de l'orientation des ébauches foliaires sur les nœuds successifs. Voir p. 15.

Phytochrome. Pigment photorécepteur prenant deux formes chimiques différentes selon qu'il reçoit du rouge clair (660 nm) ou du rouge sombre (730 nm) La proportion entre ces deux formes pilote la production des hormones contrôlant la multiplication et l'élongation cellulaire. C'est grâce au phytochrome que le rapport RC/RS peut jouer un rôle morphogénétique.

Phytomère. Métamère végétal. Voir p. 4 la section traitant de sa structure chez les graminées.

Plastochrone. Délai entre la formation de deux ébauches foliaires successives. Voir p. 19.

Plexus nodal. Ensemble de vaisseaux développés transversalement dans le nœud et anastomosés. Ils assurent des échanges entre les vaisseaux foliaires des deux orthostichies et entre ces vaisseaux et ceux des talles filles. Voir p. 24 et figure 2.9.

Préfeuille. Feuille portée par le premier phytomère d'une talle. Elle est pratiquement dépourvue de limbe, et donc réduite à une gaine. Elle suit néanmoins le même programme de croissance qu'une feuille normale (voir p. 50 et figure 5.6). Son nœud porte un bourgeon de talle et des territoires sources pour les racines.

Primordium (« *primordia* » au pluriel). Futur organe, encore à l'état méristématique. C'est une ébauche en croissance, clairement différenciée, généralement petite et cachée mais visible moyennant un grossissement. Voir p. 19 pour les *primordia* foliaires.

RC/RS. Rapport entre l'énergie reçue dans le rouge clair (RC = 660 nm de longueur d'onde) et celle reçue dans le rouge sombre (RS = 730 nm). Relativement à celui qu'on observe dans la lumière du jour, ce rapport baisse à la base des plantes quand le couvert se ferme et quand des voisines sont proches, même quand le peuplement est ouvert. Cette baisse résulte de l'altération du spectre lumineux par les tissus foliaires. Voir les sections p. 28 et 55.

Racines primaires. Chez les graminées, ce sont les racines portées directement par les nœuds des talles. Voir p. 39.

Ramète. Pour les végétaux à croissance clonale, ce terme désigne un module feuilles-tige-racines potentiellement autonome mais relié à des individus analogues par des structures d'échange (voir p. 7 et figure 1.7). Des ramètes connectés sont en rapport de parenté directe (mère-fille) ou indirecte (sœurs).

Rhizome. Axe souterrain horizontal formé d'entrenœuds plus ou moins allongés. Voir p. 106.

Scutellum. Cotylédon des graminées. Son phytomère est spécifique de l'embryon. Son nœud porte des racines qui apparaissent dès la germination. Bien qu'apparemment « séminales », celles-ci sont structurellement « nodales ». Le nœud du scutellum surmonte un hypocotyle qui se prolonge par une radicule unique.

Séminal. Qui a trait à la semence : organes… On qualifie de « point origine séminal » l'endroit où se trouvait la plantule qui a donné naissance aux individus d'un même clone qu'on observe à un moment donné sur une surface.

Site filling. Proportion des sites potentiels de tallage ayant effectivement donné des talles. Ce concept est parfois utilisé pour diagnostiquer la vigueur du tallage ou pour déterminer *a posteriori* la date de son arrêt en peuplements jeunes. Diverses conditions rendent son usage peu sûr (voir p. 49).

SLA. Acronyme de *specific leaf area*, en français « surface foliaire spécifique » ou, plus explicitement, « surface massique sèche des feuilles ». Du point de vue de l'écologie fonctionnelle, c'est la surface de limbes qu'un individu (ou une espèce) peut déployer en y investissant une unité de poids sec. C'est une mesure de la finesse des feuilles, donc un indicateur du potentiel de productivité instantanée des parties aériennes. Entre espèces courantes de graminées tempérées, la SLA varie de 15 à 50 m²/kg. Du point de vue de l'écophysiologie, la SLA est le résultat de l'équilibre entre la demande en carbone liée à l'expansion volumique et la fourniture en carbone liée à l'efficacité de la photosynthèse.

Stick **HFRO.** Outil de mesure de la hauteur d'herbe développé par le Hill Farming Research Organisation (Aberdeen, Écosse). C'est une tige métallique graduée sur laquelle coulisse une pièce en Plexiglas de quelques cm². À chaque point de mesure, l'opérateur pose le bout de la tige au sol puis descend verticalement la pièce en Plexiglas jusqu'au premier contact avec une feuille.

Stolon. Axe principalement horizontal, rampant sur la surface du sol et formé d'entrenœuds plus ou moins allongés. Voir p. 113.

Talle. Autre nom du brin d'herbe. L'usage du terme « talle » est parfois restreint aux ramifications que porte un brin d'herbe plus ancien. Ce sont pourtant des structures identiques, et la ramification se répète à l'infini. Il vaut mieux parler de « talles filles » portées par une « talle mère ».

Totipotente. On qualifie ainsi une cellule capable de donner l'ensemble des cellules d'un organisme, comme un zygote.

Tubercule. Fragment de tige gorgé de réserves et porteur de bourgeons dormants. Il est souvent dilaté en diamètre (pomme de terre). Il s'agit le plus souvent de rhizomes.

Xylème. Ensemble des vaisseaux conducteurs de la sève brute, celle qui provient des racines. Le xylème fournit l'eau et les éléments minéraux aux cellules de l'organisme. La sève brute circule sous tension dans la plante, sous l'effet de la transpiration qui abaisse le potentiel hydrique dans les cellules du limbe.

Zygote. Cellule diploïde reconstituée par la fusion de deux gamètes haploïdes : un ovule (femelle) et un tube pollinique (mâle). Le zygote est l'œuf à l'instant zéro, avant toute division cellulaire.

Formaté typographiquement par DESK (53) :
02 43 01 22 11 – desk@desk53.com.fr
Dépôt légal : octobre 2011
Imprimé pour vous par Books on Demand (Allemagne)